辽宁省自然科学基金项目（2020-BS-258）资助
辽宁省教育厅科学研究经费项目（LJ2020JCL010）资助
辽宁工程技术大学学科创新团队资助项目（LNTU20TD-14）资助

东北地区永新大型金矿
成矿模式与深部三维成矿预测

赵忠海　陈　俊／著

U0337678

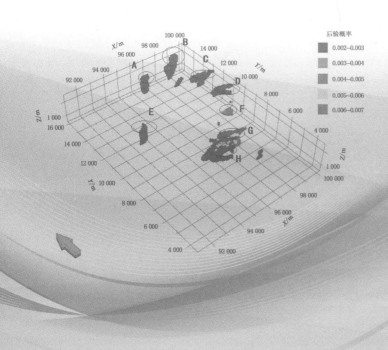

中国矿业大学出版社

·徐州·

内 容 提 要

本书依托中国地质调查局组织的"黑龙江省多宝山铜金矿外围霍龙门矿集区深部矿产远景调查"科研项目,基于永新金矿区已取得的地质、物探、化探、遥感、矿产等各类资料,对永新金矿床开展了系统研究,确定了其成矿流体性质、成矿物质来源、矿床成因以及成岩成矿动力学背景,建立了"三位一体"综合地质找矿预测模型,并结合深部物探技术和三维建模方法与预测理论,开展了外围及深部成矿预测,提出了研究区下一步找矿勘查的具体位置,从而实现了对深部找矿靶区的优选和定位、定量评价。

图书在版编目(CIP)数据

东北地区永新大型金矿成矿模式与深部三维成矿预测/
赵忠海,陈俊著. —徐州:中国矿业大学出版社,
2021.12

    ISBN 978 - 7 - 5646 - 5274 - 6

    Ⅰ. ①东… Ⅱ. ①赵… ②陈… Ⅲ. ①金矿床—成矿
预测—研究—东北地区 Ⅳ. ①P618.510.1

    中国版本图书馆 CIP 数据核字(2021)第 255853 号

书　　名	东北地区永新大型金矿成矿模式与深部三维成矿预测
著　　者	赵忠海　陈　俊
责任编辑	潘俊成
出版发行	中国矿业大学出版社有限责任公司
	(江苏省徐州市解放南路　邮编 221008)
营销热线	(0516)83884103　83885105
出版服务	(0516)83995789　83884920
网　　址	http://www.cumtp.com　E-mail:cumtpvip@cumtp.com
印　　刷	徐州中矿大印发科技有限公司
开　　本	787 mm×1092 mm　1/16　**印张** 10.25　**字数** 256 千字
版次印次	2021 年 12 月第 1 版　2021 年 12 月第 1 次印刷
定　　价	41.00 元

(图书出现印装质量问题,本社负责调换)

前　言

    2016 年 9 月在北京召开了全国国土资源系统科技创新大会,会议明确提出,面向国家重大需求,全力实施"三深一土"(深地探测、深海探测、深空对地观测、土地科技创新)国土资源科技创新战略,其中深地探测技术又一次被提到国家规划的高度。未来深地探测需要有新理论和新方法的突破创新,其中针对深部找矿工作,要求必须探索出综合性方法及其技术体系,同时,深部找矿要借助现代计算机技术、地球物理正反演技术和综合预测技术等,在三维可视化平台上开展综合研究、集成分析,对已经取得的各种资料进行深度挖掘,提取矿化信息,推断主要成矿和控矿地质体的三维空间展布和演化关系,提高对成矿系统空间分布和演化的认识水平。

    本书研究区位是中国东北重要的金成矿带,该区被原国土资源部选定为多宝山-大新屯国家级整装勘查区内深部三维成矿预测的试点区和重点突破区。依托中国地质调查局下达的科研项目"黑龙江省多宝山铜金矿外围霍龙门矿集区深部矿产远景调查"(项目编号 12120114055601),在东北地区永新金矿区已取得的地质、物探、化探、遥感、矿产等各类资料的基础上,选择该区大型永新金矿床并开展了系统的野外地质调研,通过对矿床地质特征、流体包裹体、成岩成矿年代学、与成矿密切相关的火山-次火山岩的岩石地球化学和矿石 S-Pb-H-O 同位素等方面的系统研究,深入探讨了永新金矿床成矿流体性质和成矿物质来源、矿床成因以及成岩成矿动力学背景,总结了成矿特征及找矿标志,建立了永新金矿床"三位一体"综合找矿预测模型,并结合深部物探(如音频大地电磁测深、重力测量、重磁剖面测量)等工作,运用三维地质建模软件建立了永新金矿区及金矿床三维地质模型和矿体模型。同时以三维成矿预测理论与方法为指导,对永新金矿区进行了外围及深部成矿预测,圈定了外围及深部找矿靶区,并对找矿靶区开展了深部找矿验证及资源量预测工作,提出了研究区下一步深部找矿勘查的具体位置,从而实现了深部找矿靶区的优选和定位、定量评价。

    本书研究成果对深部地质与矿床、深部矿产勘查及深部三维成矿预测等理论及方法起一定推广和验证的作用,并在成矿预测理论与矿床勘查指导上具有借鉴和参考价值。

著　者

2021 年 8 月

目　　录

第1章 区域成矿地质背景

　　研究区位于黑龙江省小兴安岭西北部,地处中亚造山带东端(Hong et al.,2004;Jahn, 2004;Kovalenko et al.,2004;Kröner et al.,2007,2014;Safonova et al.,2011)、大兴安岭北东部,是一个经历了复杂而又漫长的构造和岩浆演化的叠加复合构造区(Sengör et al.,1993; Jahn et al.,2000;Wu et al.,2003;Windley et al.,2007)。自古生代以来,研究区经历了西伯利亚板块与华北板块之间的一系列微板块间复杂的拼贴和古亚洲洋的构造演化与最终闭合(Jahn et al.,2000;Wu et al.,2011;Zhou et al.,2013;Zheng et al.,2013)。中生代期间构造演化的主要特征包括蒙古-鄂霍次克洋构造演化和闭合以及太平洋板块的持续俯冲作用以及新生代深断裂作用(Sengör et al.,1993;Jahn,2004;Windley et al.,2007;Zhang et al., 2008a;周建波等,2011;Zhou et al.,2011;许文良等,2012)。多期、复杂构造和岩浆作用使小兴安岭地区发育有大面积古生代火山岩和变质岩、中生代陆相中-酸性火山岩、古近系河湖相碎屑沉积岩及显生宙花岗岩,并使其成为东北地区构造岩浆演化最为强烈和复杂的地区,从而形成了与之相关的大量不同类型的贵金属和有色金属矿产(韩振新等,1995;Ge et al., 2007;Zeng et al.,2011,2012;Ouyang et al.,2013):斑岩型铜钼矿床、夕卡岩型铁铜(钼)多金属矿床和浅成热液型金矿床,特别是浅成热液型金矿床广泛发育(毛景文等,2003;Sun et al.,2013a,2013b;Zhai et al.,2015;Hao et al.,2015)。随着该地区的矿产勘查研究和精确地质年代学技术的不断发展,该地区矿床类型及成矿时代逐渐被人们认知。近些年已报道的大量年代学数据指示,斑岩型铜钼矿床主要形成于加里东期和燕山期早期这两个成矿时期,例如,多宝山、铜山形成于加里东期的中奥陶世(480～470 Ma,指距今480至470百万年,下文同此)(赵一鸣等,1997;Ge et al.,2007;崔根等,2008;Liu et al.,2012;Zeng et al.,2014; Hao et al.,2015),鹿鸣和霍吉河形成于燕山期早期的早-中侏罗世(187～174 Ma)(谭红艳等,2012,2013;刘翠等,2014;孙庆龙等,2014;Hu et al.,2014a;张琳琳等,2014);夕卡岩型铁铜(钼)多金属矿床如翠宏山、二股西山和徐老九沟等形成于早侏罗世(202～182 Ma)(邵军等,2011;郝宇杰等,2013;Hu et al.,2014b;梁本胜,2014);浅成热液型金矿床,除了争光金矿形成于中奥陶世(462～454 Ma)(宋国学,2015;Gao et al.,2017a),其他如三道湾子、东安、团结沟和高松山等金矿均形成于早白垩世(120～99 Ma)(Z. C. Zhang et al.,2010a;Sun et al.,2013a;Zhai et al.,2015;Hao et al.,2016)。

1.1 区域地层

　　区域出露的地层主要包含古生代、中生代和新生代地层,其中研究区西北部集中分布有古生代地层,研究区西南部主要分布有中生代地层,研究区东部大面积分布有新生代地层,地层时代由老至新分别为奥陶系、志留系、泥盆系、白垩系、新近系和第四系(图1-1)。

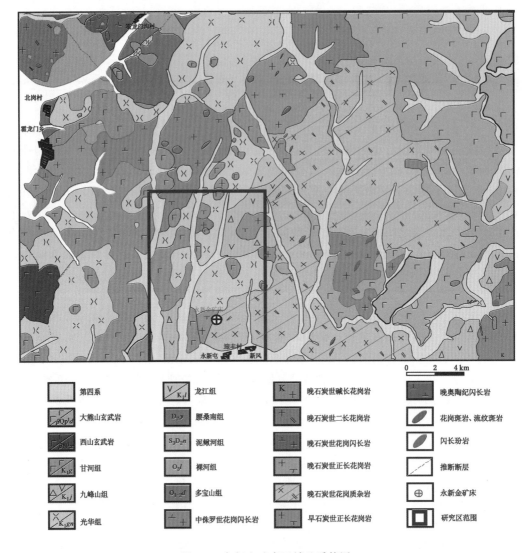

图 1-1　永新金矿床区域地质简图

1.1.1　古生代地层

古生代地层主要包括下-中奥陶统多宝山组($O_{1-2}d$)、上奥陶统裸河组(O_3l)、中泥盆-上志留统泥鳅河组(S_3D_2n)和中泥盆统腰桑南组(D_2y)。

下-中奥陶统多宝山组,主要分布在霍龙门沟村附近,沿北西向展布,岩性主要为蚀变安山岩、安山质凝灰岩及少量英安岩。区域上多宝山组是多宝山矿集区主要的赋矿围岩(Zeng et al.,2014;Hao et al.,2015;Hu et al.,2017),多宝山组岩石铜、金丰度值普遍较高,被认为是多宝山矿集区的矿源层(黄永卫等,2009;赵元艺等,2011;赵忠海等,2012),形成时代集中在 497～460 Ma(葛文春等,2007b;李德荣等,2010;Zeng et al.,2010;Liu et al.,2012;Hao et al.,2015;Hu et al.,2017;刘宾强,2016;李运等,2016;张璟等,2017)。

上奥陶统裸河组,主要分布在霍龙门北岗附近,总体上呈现海进韵律,自下而上岩石结构由粗到细,下部主要以含铁杂砂岩和变质凝灰砂岩为主,上部主要以粉砂岩夹细砂岩和变质凝灰细砂粉砂岩为主。裸河组底部与多宝山组呈整合接触,多见有牙形石化石、三叶虫化石(*Encrinuroides* sp.,*Sphaerexochus* sp.,*Platylichas lanatus*,*Cheirurus* sp.,*Ptychopleurella* sp.,*Nicolella* sp.,*Chaetetes* sp.)、腕足化石(*Gunnarella* sp.,*Onniella* sp.,*Sowerbyella* (*virulla*)*orient* Su,*Glyptorthis* sp.)。这些化石组合绝大多数代表了裸河组沉积形成的时间为中-晚奥陶世(赵达,1996;叶琴等,2013;肖霞等,2016)。

中泥盆-上志留统泥鳅河组,主要分布在依克特村附近,岩性主要为片理化安山质凝灰岩、灰黑色轻变质细粒长石石英砂岩和绢云母绿泥石板岩等,多见灰黑色含粉砂绿泥石板岩与轻变质凝灰细砂粉砂岩互层,沉积条件是相对稳定的滨浅海相环境(韩春元等,2014;张海华等,2014;杜叶龙等,2015),含有较丰富的海相生物化石,以腕足类、珊瑚、苔藓虫为主。

中泥盆统腰桑南组,主要分布在霍龙门沟村至金水一带,岩性主要为紫色变质凝灰砂岩,变质细粒石英砂岩、千枚板岩、绿泥板岩、杂砂岩和细砂粉砂岩,该组以特殊的紫色为标志,均经历了低级区域变质作用。偶见有产杆石(*Devonobactrites jinsuiensis* Liang)和三叶虫(*Phacops* sp.)等化石。

1.1.2　中生代地层

中生代地层主要包括下白垩统龙江组(K_1l)、光华组(K_1gn)、九峰山组(K_1j)和甘河组(K_1g)。

下白垩统龙江组,区域分布较为分散,主要分布在永新屯北及霍龙门沟北山附近,总体上呈现北东向展布,并受河谷断裂控制,厚度大于 530 m,以中性火山岩为主,夹有少量中酸性火山岩,火山作用方式多以爆发、喷溢、爆溢为主,火山岩相多见空落相、溢流相、火山碎屑流相等(刘世伟,2009;张超等,2017)。龙江组岩性以粗面安山岩、安山质火山角砾岩、安山质凝灰岩和玄武安山岩为主,偶见英安岩等酸性火山岩,成岩时代为 117~125 Ma(刘世伟,2009;李永飞等,2013a,2013b;丁秋红等,2014;S. Gao et al.,2017a;王苏珊等,2017;张超等,2017)。

下白垩统光华组,区域分布广泛,主要在乌力亚河和窝窝东小河附近呈北东向展布,主要受区域深大断裂及基底断裂控制,厚度大于 1 540 m,以酸性火山岩为主,夹有中酸性火山岩,火山作用方式多样以爆发、喷溢、爆溢为主,火山岩相多见空落相、溢流相等,其中以溢流相为主(刘世伟,2009;丁秋红等,2014)。光华组岩性以流纹岩、英安岩、流纹质凝灰岩、火山角砾岩等为主,局部见有黑曜岩和珍珠岩,成岩时代为 101~125 Ma(马芳芳等,2012;李永飞等,2013a,2013b;Sun et al.,2013a;丁秋红等,2014;常景娟等,2015;刘瑞萍等,2015;R. Z. Gao et al.,2017b)。

下白垩统九峰山组,位于龙江组之上、甘河组之下的陆相含煤地层,主要分布在门鲁河两侧,分布面积较小,总体上沿河流两侧分布。龙峰山组岩性以灰白色砂岩、含砾砂岩、凝灰砂岩和灰黑色泥岩为主,局部夹有火山碎屑岩及玄武岩,厚度大于 1 254 m,产植物化石和孢粉,偶见亚洲沙泥蚬(相似种)。该化石所指示的时代为早白垩世(吴河勇等,2006;崔秀琦等,2013)。

下白垩统甘河组,区域分布广泛,主要分布在乌力亚河和窝窝东小河两侧,总体上呈北东向展布,并受河谷断裂控制,厚度大于 1 400 m,主要以中基性熔岩为主,火山作用方式单一(以喷溢为主),火山岩相多为溢流相。甘河组岩性主要以玄武安山岩、粗安岩、橄榄玄武岩和致密块状气孔杏仁状玄武岩为主,成岩时代为 82～123 Ma(李永飞等,2013a,2013b;Gu et al.,2016)。

1.1.3 新生代地层

新生代地层以研究区东部大面积出露的基性火山岩地层和陆相河湖沉积地层为主,其中西山玄武岩($\beta N_1 x$)仅分布在研究区大黑山附近,呈面状环带展布,火山岩相为宁静的溢流相;该地层的岩石类型比较单一,岩性主要为碱性橄榄玄武岩和气孔状玄武岩;前人在该组获得的 K-Ar 同位素年龄为 8.19～10.54 Ma,相当于新近纪中新世。大熊山玄武岩($\beta Qp^1 d$)分布十分广泛,贯穿整个研究区东部,主要为一套中基性火山岩,火山作用以单一喷溢为主,火山岩相基本为宁静溢流相;该地层的岩石类型主要为紫色、灰黑色气孔状橄榄玄武岩、玄武安山岩以及气孔状含角砾玄武岩等;前人在该组获得的 K-Ar 同位素年龄为 2.22 Ma,相当于第四纪更新世。第四系还包含高低河漫滩堆积物,包括以河流冲洪积为主的砂砾石、黏土、亚黏土等。

1.2 区域岩浆岩

区域岩浆岩十分发育,分布面积较大,活动期次多,主要包括加里东期、华力西期和燕山期,岩石类型较复杂,其中华力西期石炭纪的岩浆活动最为强烈且频繁,分布最为广泛(图 1-2)。

1.2.1 加里东期花岗岩

研究区加里东期花岗岩分布范围有限,该期岩浆活动较弱,出露面积很小,仅分布在霍龙门沟村北,呈不规则状岩株产出,总体呈北西向展布。出露的岩性以闪长岩($O_2 \delta$)为主,该期花岗岩普遍遭受后期构造变形的影响,局部糜棱岩化。岩石类型为灰色细粒闪长岩、闪长质糜棱岩、石英二长闪长岩、辉长闪长岩和石英闪长岩。其中二长闪长岩的锆石 U-Pb 年龄介于 471.3～440.6 Ma 之间,这表明其形成于中-晚奥陶世,并且总体属于中、高钾钙碱性准铝质花岗岩(赵忠海等,2014)。

1.2.2 华力西期花岗岩

研究区华力西期花岗岩分布较广,主要包括早石炭世的正长花岗岩以及晚石炭世的花岗质杂岩、正长花岗岩、花岗闪长岩、二长花岗岩和碱长花岗岩。

早石炭世正长花岗岩($C_1 \xi \gamma$):该期岩浆活动较弱,主要分布在乌力亚附近,呈不规则状岩株产出,总体呈北东向展布,岩石类型主要为中细粒正长花岗岩,其锆石 U-Pb 年龄介于 351.5～345 Ma 之间,从而表明其形成于早石炭世,并且岩石总体上属于高钾钙碱性系列花岗岩(李成禄等,2013)。

晚石炭世花岗岩在区域中的活动最为强烈,分布最广,其岩石类型复杂多样,主要为花岗质杂岩、中细粒正长花岗岩、细粒花岗闪长岩、碎裂岩化二长花岗岩、碎裂岩化碱长花岗岩等。

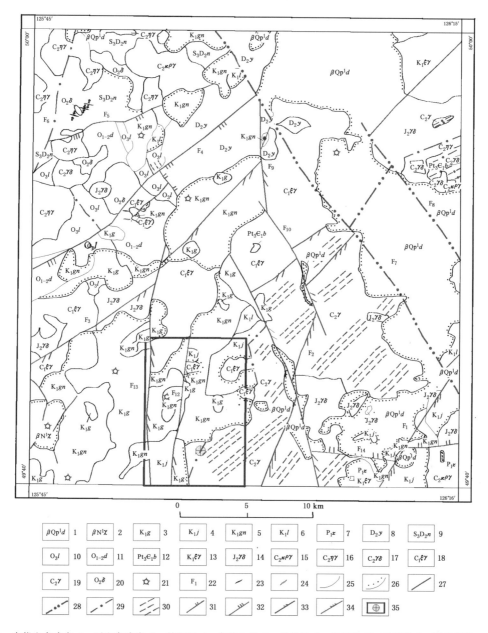

图 1-2　区域构造纲要图(据黑龙江省地质调查研究总院,2015)

1—大熊山玄武岩;2—西山玄武岩;3—甘河组;4—九峰山组;5—光华组;6—龙江组;7—哲斯组;8—腰桑南组;

9—泥鳅河组;10—裸河组;11—多宝山组;12—北宽河岩组;13—早白垩世正长花岗岩;

14—中侏罗世花岗闪长岩;15—晚石炭世碱长花岗岩;16—晚石炭世二长花岗岩;17—晚石炭世花岗闪长岩;

18—早石炭世正长花岗岩;19—晚石炭世花岗质糜棱岩;20—中奥陶世闪长岩;21—火山口;22—断裂编号;

23—背斜褶皱;24—向斜褶皱;25—实测地质界线;26—地层不整合界线;27—实测断裂;28—航磁、遥感解译断裂;

29—推测一般断裂;30—糜棱岩带;31—张性断裂;32—压性断裂;33—张扭性断裂;34—压扭性断裂;

35—研究区及永新金矿。

晚石炭世花岗质杂岩（$C_2\gamma$）：主要分布在研究区中南部，东北部有零星出露，呈岩基状北东向展布。岩石类型为花岗质糜棱岩、长英质糜棱岩、花岗质碎裂岩、细中粒正长花岗岩、糜棱岩化花岗闪长岩。其中，花岗质糜棱岩的锆石 U-Pb 年龄集中在 337～294 Ma（苗来成等，2003；赵焕利等，2011；汪岩等，2013；曲晖等，2015；赵院冬等，2015），这表明其原岩形成于晚石炭世，总体属于中、高钾钙碱性准铝质-过铝质花岗岩（曲晖等，2015；汪岩等，2013，2015）。

晚石炭世中粗粒正长花岗岩（$C_2\xi\gamma$）：主要分布在研究区中南部，呈岩基状北东向展布，岩石由斜长石（体积分数约为 7%）、钾长石（体积分数约为 68%）和石英（体积分数约为 25%）组成，其锆石 U-Pb 年龄为 340～292 Ma（李成禄等，2017a；Yang et al.，2019；Zhao et al.，2019a），这表明其形成于晚石炭世，且总体属于中、高钾钙碱性准铝质-过铝质花岗岩（李成禄等，2017a；Yang et al.，2019）。

晚石炭世细粒花岗闪长岩（$C_2\gamma\delta$）：主要分布在研究区霍龙门沟村北西一带，呈岩株状产出，岩石由黑云母（体积分数约为 10%）、斜长石（体积分数约为 45%）、钾长石（体积分数约为 20%）和石英（体积分数约为 20%～25%）组成，其锆石 U-Pb 年龄为（291.5±6.9）Ma，这表明其形成于晚石炭世（张立东等，2011）。

晚石炭世碎裂岩化二长花岗岩（$C_2\eta\gamma$）：主要分布在研究区依克特村一带，岩石由黑云母（体积分数约为 3%）、斜长石（体积分数约为 25%）、碱性长石（体积分数约为 32%）和石英（体积分数约为 40%）组成，其锆石 U-Pb 年龄介于 323～296 Ma 之间，这表明其形成于晚石炭世（Yang et al.，2019）。

晚石炭世碎裂岩化碱长花岗岩（$C_2\chi\rho\gamma$）：主要分布于研究区大狼狗村一带，岩石由石英（体积分数约为 30%～35%）、钾长石（体积分数约为 60%～65%）和斜长石（体积分数约为 5%～8%）组成，其锆石 U-Pb 年龄介于 311～294 Ma 之间，这表明其形成于晚石炭世（Yang et al.，2019）。

1.2.3 燕山期花岗岩

研究区燕山期花岗岩分布范围有限，零星分布于本区的东南部和西部，出露面积较小，呈北东向展布。出露的岩性以中侏罗世花岗闪长岩（$J_2\gamma\delta$）为主，岩石主要由黑云母（体积分数约为 8%）、斜长石（体积分数约为 60%）、钾长石（体积分数约为 10%）和石英（体积分数约为 20%）组成，其锆石 U-Pb 年龄为（175.2±2.2）Ma，这表明其形成于中侏罗世。

区内该期脉岩较为发育，从中基性到酸性皆有出露，但多为从属性脉岩，分别归属不同期次花岗岩和火山岩。花岗岩中有花岗细晶岩脉（γ_l）、伟晶岩脉（ρ），火山岩中有闪长玢岩脉（$\delta\mu$）、花岗斑岩脉（$\gamma\pi$）。区域性脉岩则较少，主要为花岗斑岩脉（$\gamma\pi$），上述脉岩一般充填于构造裂隙中，多呈北东向展布，形成时代主要为早白垩世。

闪长岩脉（δ）：该脉岩主要分布在晚石炭世正长花岗岩和中侏罗世花岗闪长岩中，岩石新鲜面呈灰色，细粒半自形结构，岩石主要由角闪石（体积分数约为 30%）、斜长石（体积分数约为 66%）和石英（体积分数约为 4%）组成。

闪长玢岩（$\delta\mu$）：该脉岩主要分布在晚石炭世正长花岗岩、花岗质杂岩和二长花岗岩中，岩石呈灰绿色，斑状结构，斑晶为斜长石，粒度为 0.2～3 mm，含量（体积分数，本章下同）为 5%～15%；角闪石呈柱状，局部被绿泥石不均匀交代，粒度为 0.5～2 mm，含量为 5%～

10%；基质为隐晶质。

花岗斑岩脉（γπ）：该脉岩主要分布在晚石炭世花岗质杂岩和正长花岗岩中，岩石呈肉红色，斑状结构，斑晶为钾长石、石英、黑云母；基质为隐晶或微晶的长英质矿物。

流纹岩脉（λ）：该脉岩主要分布于晚石炭世正长花岗岩和中侏罗世花岗闪长岩中，岩石新鲜面呈灰白色，无斑-少斑状结构，基质呈球粒结构。斑晶为少量长石，局部被绢云母化，粒度为 0.2～0.5 mm，含量占 2%。基质由长石和石英组成，长石为钾长石及少量斜长石，石英呈它形粒状。

英安岩脉（ζ）：分布较广，岩石新鲜面呈灰白色，斑状结构，基质呈交织结构，斑晶为斜长石，呈自形-半自形板状、它形粒状，环带发育，晶面绢云母鳞片星散交代，粒度为 0.2～1.6 mm，含量为 5%。石英：碎屑状、熔蚀粒状，粒度为 0.05～0.15 mm，含量为 1%。暗色矿物：片、柱状，晶面被碳酸盐岩、绿脱石交代呈假象，粒度为 0.15～1 mm，含量为 2%。基质斜长石微晶近流状分布，充填少量绿泥石及铁质质点。

1.3 区域构造

研究区位于大兴安岭造山带和松嫩地块的交汇部位，经历了多期构造运动，区域上断裂构造及褶皱构造较为发育，主要构造线方向有北西向、北东向、南北向和近东西向（图 1-2）。其中，北东向和北西向的区域深大断裂构造控制了成矿带的展布、岩浆活动及成矿作用，区域上较多的金及多金属矿床主要沿北东向断裂发育，而北西向次级断裂是金及多金属矿床的主要容矿和导矿构造。

1. NE、NEE 向断裂

区域内发育一系列近平行的 NE 向断裂，规模较大，断裂主体走向北东 30°～60°，断裂多呈疏缓波状，显示压（扭）性断裂构造形迹特征。F_1、F_2、F_3、F_4 断裂是区域上规模较大的 NE 向断裂，它们分别位于古生代弧后盆地边部和中生代断陷盆地两侧，是黑河-嫩江断裂带的主要断裂组成，沿断裂带附近发育有大面积花岗质糜棱岩。该断裂带是本区大小兴安岭造山带与松嫩-张广才岭地块的边界断裂，相当于微地块拼贴带，拼贴位置在 F_1-F_2 断裂一带。区域上沿该北东向糜棱岩带发育有众多的金及多金属矿床。

① 门鲁河断裂（F_1 断裂）

该断裂位于研究区东南角门鲁河流域一带，并穿过图幅延伸区外，属于区域性半隐伏断裂，走向北东，是黑河-嫩江断裂带的主要组成断裂。晚石炭世花岗岩分布于该断裂西侧，糜棱岩带也分布于该断裂西侧，晚石炭世碱性花岗岩分布于断裂东侧。早二叠世该断裂与 F_{14} 断裂控制了晚古生代残留海盆，沉积了早二叠世哲斯组。中侏罗世，在 F_1 和 F_{14} 断裂的走滑拉分下，发生了中侏罗世花岗闪长岩强力就位，早白垩世形成了盆岭相间构造，位于走滑背侧的断夹块受到派生张应力作用沿断层滑落形成断陷盆地（火山-沉积盆地），盆地的展布方向以北东向为主，与走滑断裂方向一致，盆地形成早白垩世火山岩和沉积岩。

② 新风三队-孟德河林场断裂（F_2 断裂）

该断裂南起新风三队，北东走向，经北师河在图幅西北角延伸区外，属于区域性半隐伏断裂，被北西向断裂错成数段，处在迎丰-孟德河糜棱岩带内。根据晚古生代构造应力特征，其在晚古生代以挤压剪切作用为主，因此，该断裂也可能是糜棱岩带内的滑动面，其形成时代可能为晚古生代。中侏罗世该断裂与 F_{11}、F_{14} 断裂控制了中侏罗世花岗闪长岩就位。早白垩世该深大断裂剪切走滑作用,在造山晚期伸展环境下使正长花岗岩沿北东向就位。

③ 324.9 高地-474 高地断裂(F_3 断裂)

该断裂以北东走向切割霍龙门幅、霍龙门沟幅两幅图,是一条区域性隐伏大断裂。该断裂由北东端至西南角依次穿越了腰桑南组、光华组、多宝山组、中侏罗世花岗闪长岩、早石炭世正长花岗岩。形成时代早于晚泥盆世,该断裂主要活动期为早白垩世,并以走滑剪切拉分作用为主。

④ 霍龙门北岗断裂(F_4、F_5、F_6 断裂)

F_4 断裂南起霍龙门北岗,沿霍龙门沟向北东桦树排延伸,北段被大熊山玄武岩覆盖,向西南延伸区外,走向北东,为一区域性大断裂,被后期 F_7 断裂错断;F_4 断裂经过区为古生代地层。F_5 断裂位于新升村以东,断裂走向北东,F_5 断裂经过区为古生代地层和石炭纪花岗岩。中生代和新生代的断裂活动迹象不明显,新生代差异性升降作用较明显,F_4 断裂南东盘上升、北西盘下降而形成正断层,塑造了霍龙门沟村北东向河谷,从而形成了砂金矿。

⑤ NE 向低序次断裂

除上述区域性断裂以外,区内还发育一些 NE 向低序次断裂,规模多较小,主要由区域性深大断裂派生而成,且多分布在区域性深大断裂附近,遥感影像图上多见有断层崖、V 形谷和山鞍。该级别断裂主要控制了地质界线和局部小规模地质体的产出。区内中生代北东向的左旋走滑剪切运动,同时形成 NW-SE 向的张应力,也是区内主要的导岩和容矿因素。

永新金矿区晚石炭世花岗质糜棱岩和晚石炭世正长花岗岩的接触界面为断层,且属挤压走滑断层。在晚石炭世正长花岗岩内还发育一条与接触界面平行的 NE 向张性断层,沿该断层有中生代含金石英脉的贯入现象。

2. NW、NNW 向断裂

北西向和北北西向断裂十分发育,总体显示张(扭)性断裂构造形迹特征,该断裂切割中生代及其以前的地质体,说明该断裂活动晚于中生代。北西向和北北西向断裂多见有错断北东向断裂,同时在与北东向断裂交汇处发育众多矿致异常和矿化蚀变点,从而显示该断裂为区内主要的导矿和容矿构造。

① 玄武岩台地边缘断裂(F_7 断裂)

该断裂走向北西,为一隐伏断裂。该断裂向东南和西北延伸至区外,为一较大断裂,该断裂切过了额尔古纳-兴安地块和松嫩-张广才岭地块汇聚拼贴带,同时在西北端控制了早白垩世中性-酸性-基性火山喷发。

② 大沙河断裂(F_8 断裂)

该断裂位于大沙河,走向北西,向东南延伸至区外,为隐伏断裂。该断裂与 F_7 断裂平行且同时形成,北东向断裂 F_1、F_2 和北西向断裂 F_7、F_8 构成平行的四边断裂。

③ 大岔子河、北师河和播根河断裂(F_9、F_{10}、F_{11} 断裂)

这 3 条断裂位于大岔子河、北师河和播根河,走向北西、北北西,断裂从腰桑南组、光华组及石炭纪花岗岩通过。这 3 条断裂均表现为左旋平移特点,断裂 F_9 将 F_3 错断,断裂 F_{10}、F_{11} 导致 F_2 错断。断裂 F_9、F_{10}、F_{11} 依次呈雁列式控制了中侏罗世花岗闪长岩的就位和早白垩世火山-沉积盆地边界。

④ NW 向低序次断裂

除上述较大的北西向断裂外,区内还发育一些 NW 向低序次断裂,但规模较小,主要由区域性深大断裂派生而成,多分布在深大断裂附近。该级别断裂主要控制了中生代局部小规模地质体和矿化体的产出,它在中生代的活动表现较明显。

霍龙门南山多宝山组发育一条 NW 向低序次张性断裂,沿该构造有含金热液上侵对围岩交代蚀变。根据矿体产状判断,断层走向北西,倾角 55°左右。由于蚀变强断层面的特征不清,因而可证明 NW 向断裂为区内主要的导岩和容矿构造。

3. SN 向断裂(F_{12}、F_{13} 断裂)

研究区 SN 向断裂 F_{12}、F_{13} 位于乌力亚到双猫山两侧沟谷中,南北走向,向南延出图外,断裂的主要活动期为中生代。断裂 F_{12}、F_{13} 为早白垩世火山-沉积盆地的内次断裂。在乌力亚南部的断裂 F_{13} 错断了 NE 向断裂 F_3,断裂 F_{12}、F_{13} 主要由 NW-SE 向挤压应力的近南北向张应力作用形成,多具张扭性质,受局部构造应力场的控制作用明显。在图幅南端,这两条断裂构造控制了局部的小断陷盆地,形成了九峰山组沉积岩,从而表明其在拉张的情况下还有左行走滑特征,且其主活动期应在早白垩世,并最终在乌力亚这条沟谷形成了砂金矿。

4. EW 向断裂(F_{14} 断裂)

研究区 EW 向断裂只有 F_{14} 一条,断裂位于光明大队北,走向近东西,向东延出图外,断裂 F_{14} 形成于早二叠世伸展拉张环境,在中侏罗世,断裂 F_{14} 和断裂 F_1 控制了花岗闪长岩的侵位作用(相当于中生代岩浆侵位边界断裂)。

1.4 区域地球物理特征

1.4.1 区域重力特征

区域重力异常强度为$(-32 \sim -2) \times 10^{-5}$ m/s^2,总体上西部重力高于东部的,异常大体呈现北西向,但重力异常总体呈不规则、不连续的扭曲现象,从而表现出区域地壳构造的复杂性。区域重力特征总体具有以下三个特点:

(1)局部重力异常发育,定向排列特征显著。龙山-大岔子东山一带呈北西向串珠状排列,重力高;冰沟大山-黑山一带是北北东向排列的高重力异常带;大黑山-490 高地一线呈北东向串珠状排列,重力高;568 高地-786 高地一线呈北西向串珠状排列,重力高;大黑山-三道梁一线呈南北向串珠状排列,重力低;大致在 538 高地-490 高地一线呈北东向排列,重力低;在哈尔通南山的西部呈近东西向排列,重力低。

以上特征反映出高密度的古生界以及低密度的花岗岩、中生代盆地在构造、岩浆作用下具有方向性明显的演化特点。

(2)重力梯度带比较发育,主要有冰沟大山-黑山北北东梯度带、哈尔通南山-482 高地的北北东向梯度带、大黑山-三道梁南北向梯度带。这反映出区内不同密度地质体受断裂控制的特点。

(3)局部重力异常边部等值线密集,反映异常源的深度不大,且与围岩间存在着较大的密度差异。

重力异常的上述特点,反映出区内地质构造虽然复杂多变,但方向性明显、有规律可循,且不同密度地质体的深度不大。

1.4.2　区域磁场特征

从区域高磁 ΔT 等值线平面图(图 1-3)上可以看出,全区磁场值一般在 $-500\sim1\,500$ nT 之间。其中,在霍龙门沟村东北部具有全区磁场强度最高的磁异常,磁场值高达 4 500 nT。全区磁场分布具有明显的规律,即研究区磁场强度由西北向东南呈逐渐加强的趋势,同时研究区的北部和西南部为较低缓平静的负磁场区,其磁场值在 $-500\sim-20$ nT 之间。全区大面积幅值较高的正磁场区主要与早石炭世花岗质糜棱岩和正长花岗岩有关,磁场值一般在 $100\sim1\,500$ nT 之间,最高可达 2 000 nT,局部有跳动的弱负磁场分布,磁场值一般在 $-350\sim-30$ nT 之间变化;全区低磁场区主要与裸河组、泥鳅河组和腰桑南组等地质体对应,磁场值一般在 $-500\sim-1\,500$ nT 之间变化,局部有跳动的弱正磁场分布,磁场值一般在 $0\sim50$ nT 之间变化。全区较为发育呈岛状或宽带多峰状展布的高磁异常带,总体呈北东向和北北东向展布,主要与早白垩世火山岩对应,磁场值一般在 $0\sim1\,000$ nT 之间,最高可达 1 500 nT。

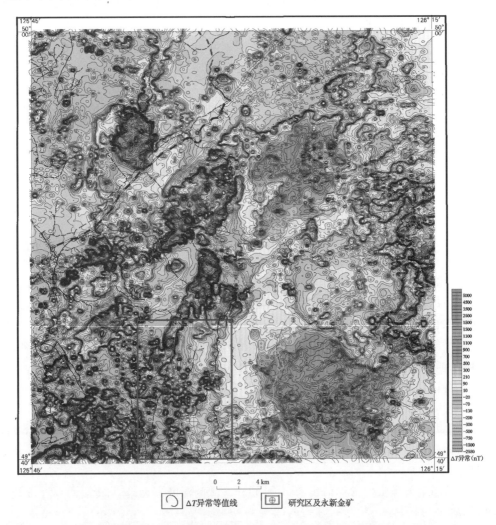

图 1-3　区域高磁 ΔT 等值线平面图(据黑龙江省地质调查研究总院,2015)

1.4.3　区域电场特征

从区域视相位等值线平面图(图1-4)上可以看出,全区中-高视相位值主要分布在研究区中南部和西北部。其中,中南部的高视相位异常主要与晚石炭世花岗质糜棱岩对应,视相位值以中值为主,一般在 4~12 mrad 之间变化;西北部的视相位异常主要与泥鳅河组砂岩和裸河组变质砂岩对应,为全区最高视相位值区域,一般在 16~60 mrad 之间变化,最高可达 75 mrad。其他区域均表现出低缓的视相位值,总体变化不明显。

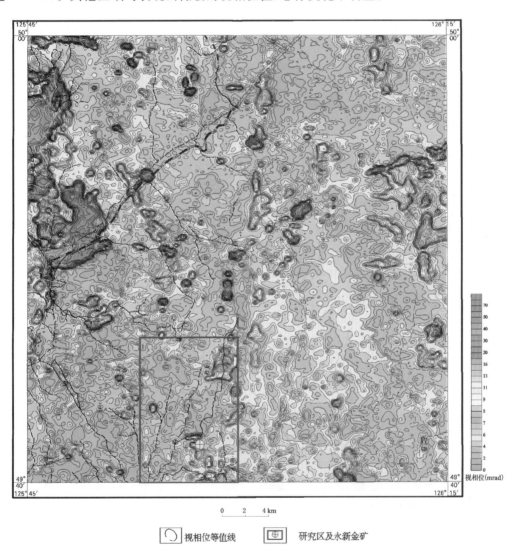

图 1-4　区域视相位等值线平面图(据黑龙江省地质调查研究总院,2015)

从区域视电阻率等值线平面图(图1-5)上可以看出,全区主要划分了两个电阻率低值区域和两个高值区域,具有梯度变化特征。其中,两个低值区域主要分布在研究区中部和东部,视电阻率值偏低,一般在 20~500 Ω·m 之间变化,局部有跳动的高视电阻率值。其中的中部与呈北东向展布的早白垩世火山岩完美对应;而东部与呈近南北向展布的新生代大熊山玄武岩完美对应。两个高值区域主要分布在研究区中南部和西北部。其中的中南部主要与晚石炭世花岗质糜棱岩对应,视电阻率值偏高,一般集中在 1 200～3 000 Ω·m 之间变化;而西北部主要与石炭纪花岗岩和裸河组、腰桑南组及泥鳅河组等沉积地层相对应,视电阻率值为全区最高,变化幅度也较大,一般集中在 500～3 000 Ω·m 之间变化,泥鳅河组变质砂岩的视电阻率值最高可达 4 000 Ω·m。

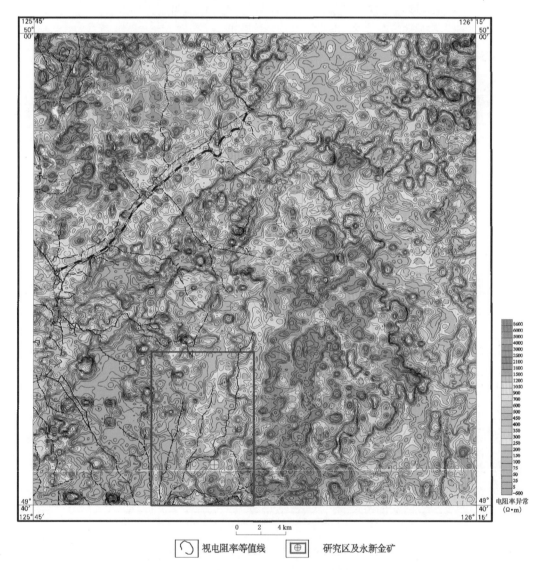

图 1-5　区域视电阻率等值线平面图(据黑龙江省地质调查研究总院,2015)

1.5　区域地球化学特征

区域 1∶5 万土壤地球化学测量工作显示,相对全省平均值来说,研究区中 Au、As、Cu、

Pb、Mo 元素较富集,Sb、W、Zn 元素略高或接近,而 Ag、Bi、Hg 元素则在研究区中较贫化。同时,由区域土壤元素相关性谱系图(图 1-6)可以看出,全区元素相关性最好的,即相关性大于 0.8 的可以划分 Fe 和 Ni、Mn 和 Mo 两组。同时显示 Au 与 As、Cu、Fe、Ni 和 Hg 元素的相关性较好;W 和 Sb、Pb 和 Ag 两组元素的相关性较好。其他元素的相关性较差。

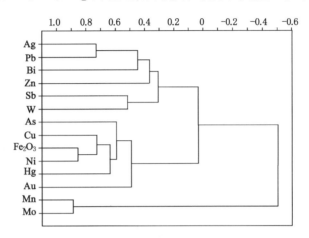

图 1-6　区域土壤元素相关性谱系图(据黑龙江省地质调查研究总院,2015)

该区按地质体岩性划分出了 8 个地质子区,其中在多宝山组地层子区中的 Au、Ag、Cu、Zn、Mo 和 Mn 等元素含量相对其他子区的高,这说明多宝山组地层子区是贵金属及有色金属元素的主要物源,成矿的可能性较大。另外,早白垩世火山岩、晚石炭世花岗质糜棱岩和正长花岗岩子区中的 Au、Mo 元素含量相对较高,这指示它们与成矿关系比较密切。

在不同子区的元素变异系数中,古生界多宝山组地层子区的 Au、Cu 元素变异系数高于其他子区的,这反映元素含量变化较大,局部富集的可能性大;早白垩世-中侏罗世侵入岩子区的 Mo、Cu 元素变异系数高于其他子区的,这说明 Mo、Cu 元素在本子区的分布不均匀,局部可能富集成矿;早石炭世正长花岗岩-晚石炭世花岗岩子区的 Ag、Pb、Zn、Sb 元素变异系数高于其他子区的,这说明本子区 Ag、Pb、Zn、Sb 元素的成矿可能性较大。全区圈定出的土壤地球化学异常与已知矿点的对应性较好。其中,在已发现的霍龙门南山金矿点的土壤异常中,Au 与 Ag、Sb、Cu、Pb、As 等元素套合较好,这显示低温元素组合特征;在野猪沟钼矿点的土壤异常中,Mo 和 W、Bi、Pb、Cu 等元素套合较好,这显示高温元素组合特征;在永新金矿点的土壤异常中,Au 与 Bi、As、Ag、Sb 等元素套合较好,这显示低温元素组合特征,异常总体呈北东向展布,且 Au 元素在北东方向具有明显的线性排列的特征,Au 元素异常值多达到内带特征。

区域上共圈定出 1∶5 万综合异常 44 处,其中,研究区内主要分布 08HMHt-13、08HMHt-14 号综合异常(图 1-7),现将其特征分述如下:

1. 08HMHt-13 号综合异常特征

该综合异常位于研究区的东部,呈北东向展布,面积为 1.3 km²。该综合异常套合好且主要是以 Au 和 Ag 为主的 Au、Ag、Bi、Mo、W 异常。该综合异常主要由 2 个 Au 元素异常、2 个 Ag 元素异常、1 个 W 元素异常和 1 个 Bi 元素异常和 2 个 Mo 元素异常组成。其中

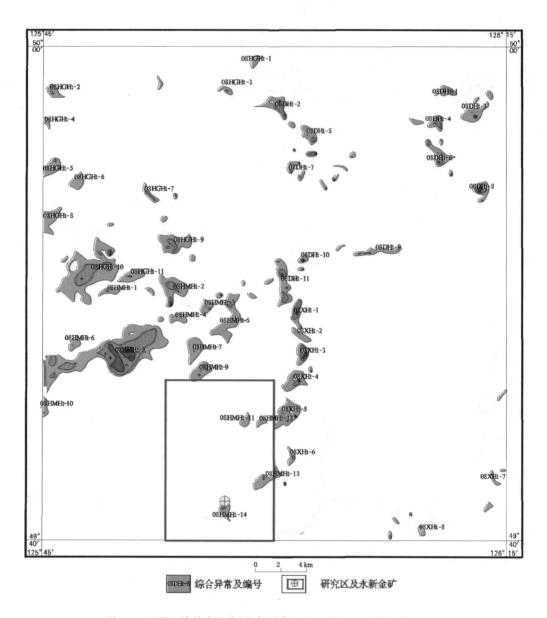

图 1-7 区域土壤综合异常图(据黑龙江省地质调查研究总院,2015)

Au-40 号异常的面积为 1.44 km^2,极大值为 1.66×10^{-8},平均值为 5.29×10^{-9},衬度为 2.35,该异常具有内带;Ag-13 号异常的面积为 1.11 km^2,极大值为 5.24×10^{-7},平均值为 2.33×10^{-7},衬度为 2.03,该异常具有中带。该综合异常位于下白垩统光华组酸性火山岩、晚石炭世花岗质糜棱岩和正长花岗岩接触带中,具有中-高极化率、中-高阻、低缓磁异常特征(图 1-8 和表 1-1)。

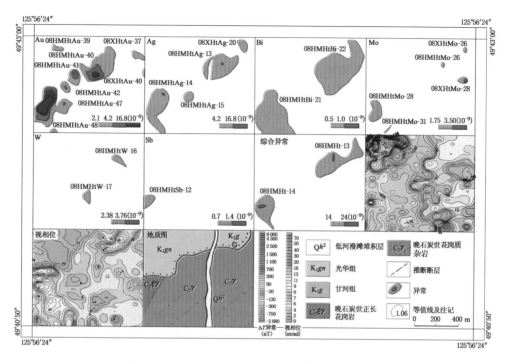

图 1-8　08HMHt-13、08HMHt-14 综合异常剖析图

表 1-1　08HMHt-13、08HMHt-14 号综合异常特征表

综合异常编号	综合异常 NAP	元素组合	单元素异常编号	面积/km²	形态	极大值/(×10⁻⁹)	平均值/(×10⁻⁹)	衬度	NAP	异常分带	异常点数
08HMHt-13 号	12.64	Bi-Mo-Ag-W-Au	Bi-22	1.89	椭圆形	1.06	0.67	1.57	2.97	外带	17
			Mo-26	0.11	椭圆形	2.50	2.50	1.36	0.15	外带	1
			Ag-13	1.11	近椭圆形	524	233	2.03	2.26	中带	10
			Au-40	1.44	椭圆形	16.6	5.29	2.35	3.37	内带	9
			W-16	0.33	长条状	2.87	2.74	1.15	0.38	外带	3
			Au-37	0.11	椭圆形	4.80	4.80	2.44	0.26	外带	1
			Mo-28	0.11	椭圆形	2.40	2.40	1.35	0.15	中带	1
			Ag-20	0.22	椭圆形	308	230.5	2.01	0.45	外带	2
08HMHt-14 号	15.24	Au-Ag-Bi-Mo-Sb	Au-47	1.55	椭圆形	55.3	14.8	5.34	3.37	内带	11
			Au-48	0.09	椭圆形	6.00	6.00	2.12	0.19	外带	1
			Ag-14	0.89	不规则	1 143	422.9	2.67	2.37	中带	8
			Bi-21	2.11	椭圆形	1.37	0.75	1.39	2.94	外带	19
			Mo-28	0.44	椭圆形	3.93	3.00	1.83	0.82	外带	4
			Sb-12	0.33	不规则	1.29	1.07	1.29	0.43	外带	3

2. 08HMHt-14 号综合异常特征

该综合异常位于研究区南部,大致呈近南北向展布,面积为 0.9 km²。该综合异常套合好、强度中等,主要是以 Au、Ag 为主的 Au、Ag、Mo、Bi、Cu、Sb 异常,由 2 个 Au 元素异常、1个 Ag 元素异常、1 个 Bi 元素异常、1 个 Mo 元素异常和 1 个 Sb 元素异常组成。其中 Au-47号异常的面积为 1.55 km²,极大值为 5.53×10^{-8},平均值为 1.48×10^{-8},衬度为 5.34,该异常具有内带。该异常位于晚石炭世正长花岗岩和花岗质糜棱岩这两者的接触带中,具有中-高极化率、中-高阻、低缓磁异常特征(图 1-8 和表 1-1)。

1.6 区域矿产分布特征

研究区位于黑龙江省小兴安岭-张广才岭 Fe-Pb-Zn-Au-Cu-Mo 成矿带北缘,经历了多期、复杂的构造和岩浆作用,是黑龙江省最重要的金、铅、锌、铁、钨、钼等多金属元素共生的成矿带,已发现了众多不同类型的贵金属和有色金属矿产,主要成矿类型有斑岩型、夕卡岩型和浅成低温热液型。其中,斑岩型钼矿在本区较为发育,相继发现鹿鸣、霍吉河和高岗山等大型-超大型矿床,多集中在松辽盆地东北部,成矿时代除了高岗山形成于晚二叠世至早三叠世[(250.2 ± 1.4)Ma](Zhong et al.,2017),其他均形成于早-中侏罗世($187 \sim 174$ Ma)(谭红艳等,2012,2013;刘翠等,2014;孙庆龙等,2014;Hu et al.,2014a;张琳琳等,2014)。夕卡岩型多金属矿床在区域上分布较广,已发现了众多大中小型矿床,如徐老九沟铅锌多金属矿床、红旗山铁多金属矿床、二股西山铁多金属矿床和翠宏山铁钼多金属矿床等,其成矿主要与燕山中期中酸性侵入岩密切相关,成矿时代集中在早侏罗世($202 \sim 182$ Ma)(邵军等,2011;郝宇杰等,2013;Hu et al.,2014b;梁本胜,2014;Ren et al.,2017)。

区域上分布有大面积呈北北东向展布的早白垩世火山-次火山岩,该套火山-次火山岩与浅成低温热液型金成矿的关系十分密切(Goldfarb et al.,2001;Zhou et al.,2002;Yang et al.,2003;江思宏等,2004;王登红等,2005;吕军等,2009;Yakubchuk,2009;武广等,2010;王永彬等,2012;Sun et al.,2013a,2013b;郑硌等,2013;刘瑞萍等,2015;程琳等,2017;刘阳等,2017),已发现的众多与之密切相关的大型-中型浅成低温热液型金矿,占黑龙江省金矿资源量的 60% 以上(Y. B. Wang et al.,2016a),如三道湾子金矿(22 t@13.98 g/t)(@前指资源量,@后指矿床平均品位,下同)(Zhai et al.,2015;S. Gao et al.,2017a),东安金矿(24.3 t@5.04 g/t)(Z. C. Zhang et al.,2010a)和高松山金矿(约 22 t @ 6.3 g/t)(Hao et al.,2016),以及本次研究区新发现的永新金床(约 20 t @ 4.1 g/t)(Zhao et al.,2019a,2019b),它们的成矿时代均为早白垩世($120 \sim 99$ Ma)(J. H. Zhang et al.,2010b;Sun et al.,2013a,2013b;Zhai et al.,2015;Hao et al.,2016;Zhao et al.,2019a)。该区域已经成为中国最具找矿前景的浅成低温热液型金矿产区之一(Hao et al.,2016;Deng et al.,2016)。

第 2 章　矿床地质特征

2.1　矿区地质特征

　　永新金矿床位于黑龙江省嫩江县东北方向 70 km、黑河市西南方向 115 km 处,是近几年新发现的大型金矿,由黑龙江省地质调查研究总院在 2009 年最早发现,截止到目前已探明其金资源量近 20 t,矿床平均品位 4.10 g/t。矿区岩石类型主要包括晚石炭世正长花岗岩、花岗质糜棱岩,早白垩世火山岩及同期的花岗斑岩和闪长玢岩等次火山岩以及小面积出露的花岗闪长岩(图 2-1)。

　　矿区出露的地层主要为早白垩世火山岩,从下至上依次为龙江组、光华组和甘河组。其中,龙江组分布在矿区中北部,主要由中-酸性火山岩组成,以中性火山岩为主,该组岩性主要为安山岩、粗面岩、粗面安山岩、安山质角砾岩[图 2-2(g)]、英安岩、流纹岩和流纹质含角砾凝灰岩等;光华组主要分布在研究区北部,以酸性火山岩为主,岩性主要为英安岩[图 2-2(e)]、流纹岩、流纹质凝灰岩和火山角砾岩等;甘河组仅仅在矿区西南角零星出露,主要由安山岩、安山玄武岩和气孔状玄武岩[图 2-2(f)]组成。这些早白垩世火山岩喷发后不整合覆盖在矿区正长花岗岩、花岗质糜棱岩及花岗闪长岩之上。

　　矿区出露的侵入岩主要为正长花岗岩、花岗质糜棱岩及花岗闪长岩等。其中,中粗粒正长花岗岩[图 2-2(b)]主要出露在矿区中西部,本次获得的其锆石 U-Pb 年龄为(315.9±1.6)Ma,表明其形成时代为晚石炭世;花岗质糜棱岩呈北东走向大面积出露于研究区东南部,主要以花岗质糜棱岩[图 2-2(a)]和闪长质糜棱岩为主,区域上前人对该套糜棱岩做了大量研究,显示原岩形成年龄在 337～294 Ma(苗来成等,2003;赵焕利等,2011;汪岩等,2013;曲晖等,2015;赵院冬等,2015),韧性变形作用发生在早-中侏罗世,时间限定在 184～170 Ma(梁琛岳等,2011;赵院冬等,2015;汪岩等,2013),常见宽窄不一的多金属硫化物脉沿着糜棱岩裂隙或面理直接穿切糜棱岩,该类糜棱岩均具有较弱的矿化显示[图 2-2(k),图 2-2(l)]。花岗闪长岩[图 2-2(h)]仅出露于永新金矿床的西北部,呈岩枝状产出,其锆石 U-Pb 年龄为(171.8±1.6)Ma,从而表明其形成时代为中侏罗世。

　　矿区脉岩较为发育,主要包括花岗斑岩和闪长玢岩[图 2-2(c),图 2-2(d)],总体呈北东-北北东向脉状展布,大致与矿体平行并伴生产出,并显示与成矿的关系密切[图 2-1(a),图 2-1(b)]。同时花岗斑岩和闪长玢岩蚀变较强,多见有被微小含硫化物细脉穿切[图 2-2(i),图 2-2(j)],局部具有较强烈的金矿化作用,品位在 0.1～0.6 g/t 之间。

　　矿区构造主要以断裂构造为主,多为张性断裂,总体上受北东-北东东和北西向两组断裂控制,其中北东-北东东向断裂的产状为倾向北西西、倾角 25°～40°;而北西向断裂的产状为倾向南西、倾角 15°～30°[图 2-1(a)];北东向断裂为主要的容矿构造,控制矿体和大量次

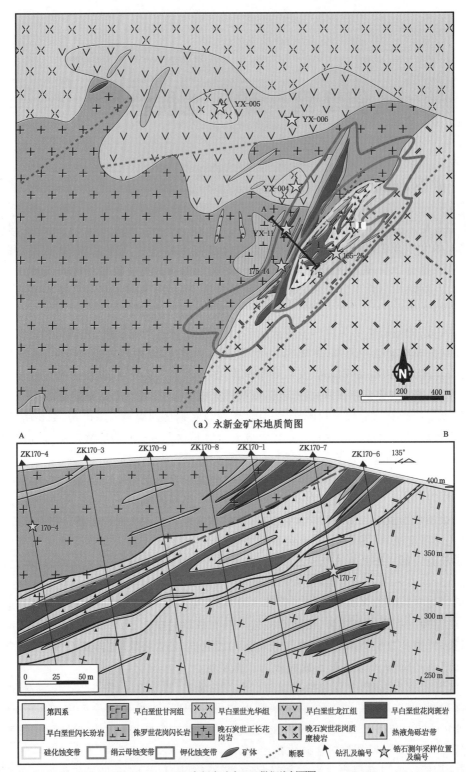

（a）永新金矿床地质简图

（b）永新金矿床 A-B 勘探线剖面图

图 2-1　永新金矿床地质简图及 A-B 勘探线剖面图

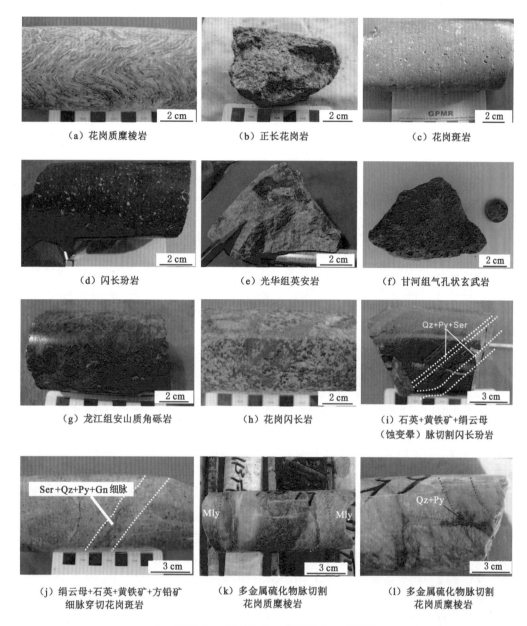

（a）花岗质糜棱岩　　　（b）正长花岗岩　　　（c）花岗斑岩

（d）闪长玢岩　　　（e）光华组英安岩　　　（f）甘河组气孔状玄武岩

（g）龙江组安山质角砾岩　　　（h）花岗闪长岩　　　（i）石英+黄铁矿+绢云母（蚀变晕）脉切割闪长玢岩

（j）绢云母+石英+黄铁矿+方铅矿细脉穿切花岗斑岩　　　（k）多金属硫化物脉切割花岗质糜棱岩　　　（l）多金属硫化物脉切割花岗质糜棱岩

Qz—石英；Ser—绢云母；Py—黄铁矿；Gn—方铅矿。

图 2-2　永新金矿床岩石手标本及特征

火山岩体及浅成侵入岩体的展布；北西向断裂为成矿后构造，对矿体有一定的破坏作用（曲晖等，2014；李成禄等，2017b；袁茂文等，2017）。

2.2　矿体特征

根据矿体工业指标、矿体赋存特点及展布特征，矿区共圈定出两条主矿体，编号为Ⅰ和Ⅱ，两条主矿体大体平行排列、呈北东向展布，矿体均赋存在晚石炭世的花岗质糜棱岩和正长花岗岩接触部位的热液角砾岩体中及其附近[图 2-1(a)]。具体特征如下：

Ⅰ号矿体：矿体在平面上整体呈透镜状产出，由工业矿体和低品位矿体组成，局部见有尖灭再现和分支复合特征。矿体总体呈北东向展布，主矿体自东向西分布在 140 线到 175 线之间，目前地表槽探工程在走向上控制矿体的特征为：长度约为 375 m，宽度为 6.8～73.4 m，矿体倾向 NW，倾角为 20°～30°，深部矿体沿倾向延伸 150～800 m，矿体在 140 线、150 线表现为尖灭再现和分支复合矿体。其中，工业金矿体的最高品位为 29.66 g/t，平均品位为 3.92 g/t，平均斜厚度为 10.1 m；低品位金矿体的平均品位为 1.36 g/t，平均视厚度为 5.46 m。

Ⅱ号矿体：矿体在平面上整体呈脉状，由工业矿体和低品位矿体组成，局部见有尖灭再现和分支复合特征。矿体总体呈北东向展布，目前地表槽探工程在走向上控制矿体的特征为：长度约为 250 m，宽度为 5.9～18 m，矿体倾向 NW，倾角为 20°～30°，深部矿体沿倾向最大延伸 330 m 左右。其中，工业金矿体的最高品位为 6.37 g/t，平均品位为 3.55 g/t，平均斜厚度为 7.7 m；低品位金矿体的平均品位为 1.36 g/t，平均视厚度为 4.25 m。地表有 4 个工程见矿，地表单工程见矿最大斜厚为 18.00 m，平均品位为 1.41 g/t，深部有 6 个工程见矿，在 140 线深部见隐伏工业品位矿体，见矿最大斜厚为 7.70 m，最高品位为 6.37 g/t，平均品位为 3.55 g/t。

2.3　矿石类型

永新金矿床矿石类型以热液角砾岩型为主，其次为石英脉型和蚀变岩型（地表氧化矿），偶见有少量糜棱岩型（图 2-3）。

热液角砾岩型矿石：矿石多呈深灰色和灰白色，角砾胶结结构，块状构造，角砾形态复杂多样，多呈不规则棱角状、多角状至次圆状，基本无位移和旋转，并具有一定程度的定向排列性和可拼接性，角砾总体分选较差，其粒度最大可达 2 cm，平均 0.5～1.5 cm[图 2-3(a)，图 2-3(b)]，角砾成分主要为石英和钾长石，部分见赋矿围岩，如正长花岗岩角砾[图 2-3(e)]。胶结物主要为热液硅质成分，多以网脉状充填于赋矿围岩的裂隙中或角砾间的空隙内；同时，角砾岩整体受热液作用而发生了绢云母化、碳酸盐化等，常见有硅质细脉交错分布，在脉体边部发育有大量的黄铁矿和绢云母[图 2-3(c)，图 2-3(d)，图 2-3(f)]。

蚀变岩型矿石（地表氧化矿）分布于接近地表的构造破碎带。岩石多呈红褐色，原岩发生了强烈的黄铁绢英岩化蚀变。矿石中的主要矿物为细粒黄铁矿，该黄铁矿呈浸染状大量分布于强蚀变岩型矿石中[图 2-3(g)至图 2-3(i)]。

石英脉型矿石可充填于断裂裂隙中，与围岩之间的界线清楚，常常切穿岩体或单独存在。该型矿石主要由石英组成，含有少量的黄铁矿等硫化物，部分黄铁矿可被氧化为磁铁矿，硫化物的总体含量一般小于 3%，部分石英脉中含有自然金，但含量极小[图 2-3(j)至图 2-3(l)]。

糜棱岩型矿石中的糜棱基质由动态重结晶长英细粒镶嵌集合体，拉长定向，可见成分分层[图 2-3(m)至图 2-3(n)]。残斑为石英、钾长石和斜长石，以石英、钾长石为主，黄铁矿化和绢云母化较为普遍。在糜棱岩型矿石镜下可见黄铁矿颗粒没有随着基质而出现相应的韧性变形[图 2-3(o)]，这表明蚀变矿化的形成晚于韧性剪切作用。

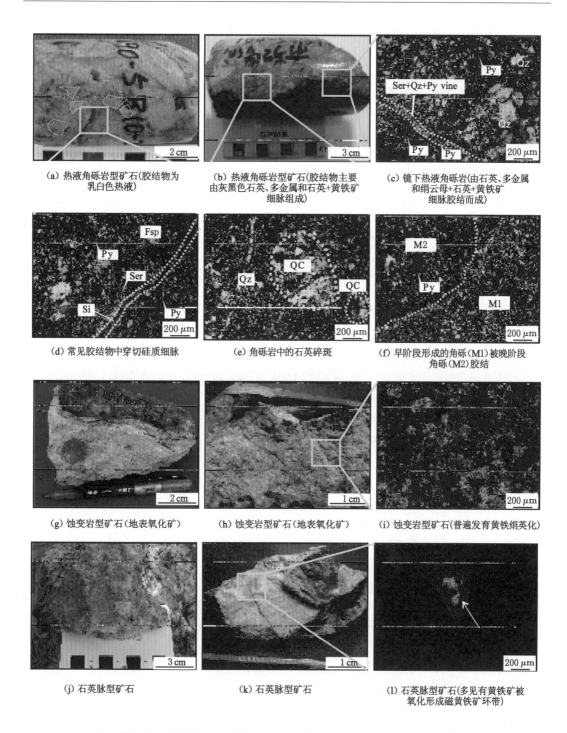

（a）热液角砾岩型矿石（胶结物为
乳白色热液）

（b）热液角砾岩型矿石（胶结物主要
由灰黑色石英、多金属和石英+黄铁矿
细脉组成）

（c）镜下热液角砾岩（由石英、多金属
和绢云母+石英+黄铁矿
细脉胶结而成）

（d）常见胶结物中穿切硅质细脉

（e）角砾岩中的石英碎斑

（f）早阶段形成的角砾（M1）被晚阶段
角砾（M2）胶结

（g）蚀变岩型矿石（地表氧化矿）

（h）蚀变岩型矿石（地表氧化矿）

（i）蚀变岩型矿石（普遍发育黄铁绢英化）

（j）石英脉型矿石

（k）石英脉型矿石

（l）石英脉型矿石（多见有黄铁矿被
氧化形成磁黄铁矿环带）

Qz—石英；Ser—绢云母；Py—黄铁矿；Po—磁黄铁矿；Fsp—长石；M1—早阶段胶结物；
M2—晚阶段胶结物；QC—石英碎斑。

图 2-3　永新金矿床主要的矿石类型及特征

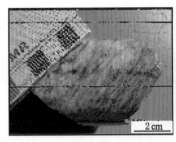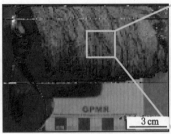

| (m) 糜棱岩型矿石 | (n) 糜棱岩型矿石 | (o) 糜棱岩型矿石(镜下见有
未变形的黄铁矿颗粒) |

图 2-3(续)

2.4 矿石矿物及其结构和构造

矿石矿物主要包括黄铁矿、方铅矿、闪锌矿和少量的黄铜矿,偶见自然金(图 2-4),次生矿物可见赤铁矿和针铁矿。脉石矿物主要是石英、钾长石、方解石、绢云母、绿泥石和绿帘石等。

黄铁矿在整个矿区中最为发育,是本矿区最主要的硫化物,以自形-半自形粒状分布,局部见有它形粒状,黄铁矿呈立方体状、淡黄色至黄白色,粒度为 0.05~0.8 mm,黄铁矿多与黄铜矿、方铅矿和闪锌矿共生,并见有黄铁矿被方铅矿和闪锌矿交代[图 2-4(a),图 2-4(b),图 2-4(e)],一些小的方铅矿或闪锌矿以微小的包裹体形式存在黄铁矿表面[图 2-4(c),图 2-4(d)]。

根据不同的矿化蚀变及矿物组合共生关系,热液角砾岩能被划分为两个阶段,早阶段形成的角砾岩(M1),其角砾成分较为单一,主要为花岗质角砾,胶结物为乳白色热液石英和长石,硫化物少见[图 2-3(a),图 2-3(f)];晚阶段形成的角砾岩(M2)代表了多期热液活动,其碎屑成分复杂多样,既有花岗质角砾,局部也含有早阶段形成的角砾(M1),胶结物主要有灰褐色热液石英、长石以及大量的金属硫化物[图 2-3(b),图 2-3(f)]。晚阶段形成的热液角砾岩(即 M2)是永新金矿床主要的赋矿岩石,这些特征暗示永新金矿床经历了多期次的热液成矿作用。

黄铜矿在矿石中的含量较少,一般含量小于 1%,多数呈半自形-它形粒状,呈淡黄色至铜黄色,粒度为 0.05~0.2 mm,常被黄铁矿、闪锌矿等交代[图 2-4(c),图 2-4(d),图 2-4(g)];主要分布在石英脉或裂隙中,偶见呈星点状不均匀地分布在岩石中。

方铅矿在矿石中含量较少,呈半自形-它形粒状产出,呈灰白色,粒度为 0.035~0.1 mm,常与黄铁矿共生,呈现被黄铁矿交代的特征[图 2-4(a)]。方铅矿主要呈星点状分布在岩石中,分布极不均匀。

闪锌矿在矿石中偶见,呈半自形-它形粒状产出,呈灰色,粒度为 0.035~0.1 mm,常与黄铁矿共生,常见交代黄铜矿、黄铁矿现象[图 2-4(g)];闪锌矿主要呈星点状分布在岩石和石英脉中。

赤铁矿含量极少,呈针状和板状产出,呈深灰色,粒度为 0.035~0.05 mm[图 2-4(i)];

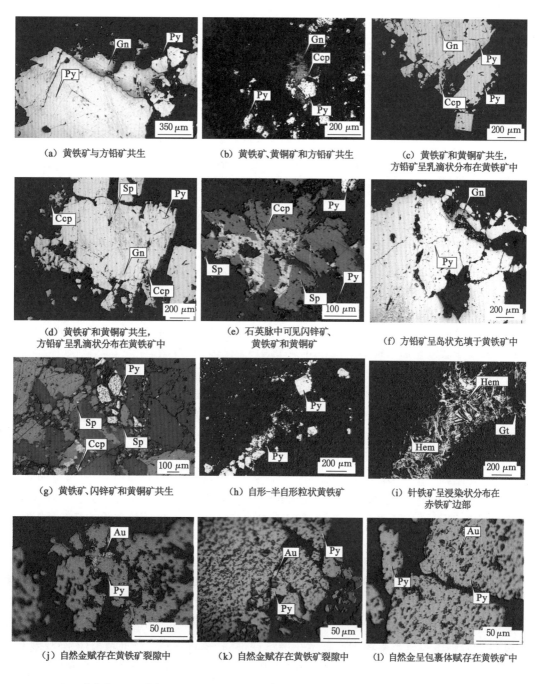

（a）黄铁矿与方铅矿共生

（b）黄铁矿、黄铜矿和方铅矿共生

（c）黄铁矿和黄铜矿共生，
方铅矿呈乳滴状分布在黄铁矿中

（d）黄铁矿和黄铜矿共生，
方铅矿呈乳滴状分布在黄铁矿中

（e）石英脉中可见闪锌矿、
黄铁矿和黄铜矿

（f）方铅矿呈岛状充填于黄铁矿中

（g）黄铁矿、闪锌矿和黄铜矿共生

（h）自形-半自形粒状黄铁矿

（i）针铁矿呈浸染状分布在
赤铁矿边部

（j）自然金赋存在黄铁矿裂隙中

（k）自然金赋存在黄铁矿裂隙中

（l）自然金呈包裹体赋存在黄铁矿中

Au—自然金；Ccp—黄铜矿；Gn—方铅矿；Gt—针铁矿；Hem—赤铁矿；Py—黄铁矿；Sp—闪锌矿。

图 2-4　永新金矿床矿石在显微镜下的显微特征

多呈浸染状分布于岩石裂隙中。

针铁矿多呈它形和纤维状，呈淡灰色，粒度为 0.003 5～0.05 mm，常与赤铁矿共生 [图 2-4(i)]，主要呈浸染状分布在石英脉或黄铁矿晶体裂隙中。

自然金多呈它形粒状，呈金黄色，反射率较高，粒度为 0.005～0.02 mm，主要以裂隙金和包裹体金赋存在石英和黄铁矿中[图 2-4(j)至图 2-4(l)]。

矿石结构和构造主要包括自形-半自形粒状结构、它形粒状结构、胶结结构、交代结构、碎裂结构以及角砾状构造、浸染状构造、网脉状构造、梳状构造、晶洞状或晶簇状构造等(后文将详细叙述)。

2.5 载金矿物类型及特征

黄铁矿作为矿区最主要的载金矿物,主要呈自形-半自形、它形微粒状或集合体状浸染分布于热液角砾岩、蚀变岩和石英脉中。本节通过对不同矿石类型中不同的黄铁矿的电子探针测试,获得的具体特征如下。需要说明的是,本书中的 $\omega(*)$ 指 * 元素的质量分数,%。

热液角砾岩型矿石中的黄铁矿主要呈碎裂火焰状、细粒立方体形和细粒它形三种形态[图 2-5(a)、图 2-5(b)、图 2-5(c)]。通过电子探针点分析,三种类型的黄铁矿显示出了相似的元素组成特征。在 20 个测点中,$\omega(S)$ 为 52.94%～53.99%,平均 53.50%,$\omega(Fe)$ 为 45.57%～46.65%,平均 46.00%,这与黄铁矿理论值(53.33% 的 S,46.67% 的 Fe,S 和 Fe 的原子比为 2)相近;$\omega(As)$ 为 0～0.072%,平均 0.016%,含量极低。几乎所有的黄铁矿,其 $\omega(Co)/\omega(Ni)$ 均远远大于 1,这显示了它们为热液成因黄铁矿。在 10 个碎裂火焰状黄铁矿测点中有 6 个含金量超出检出限,$\omega(Au)$ 为 0.013%～0.030%,平均 0.020%。在 4 个细粒立方体形黄铁矿测点中有 2 个含金量超出检出限,$\omega(Au)$ 为 0.021%～0.030%,平均 0.025%。细粒它形黄铁矿的 6 个测点中有 5 个含金量超出检出限,$\omega(Au)$ 为 0.022%～0.049%,平均 0.041%,其含金比例和含金量在三种类型黄铁矿中是最高的。

蚀变岩型矿石中的黄铁矿主要呈细粒立方体形和细粒它形碎裂状两种形态[图 2-5(d),图 2-5(e)]。通过电子探针点分析,这两种类型的黄铁矿显示出了相似的元素组成特征。在其 10 个测点中,$\omega(S)$ 为 51.41%～53.55%,平均 53.00%,$\omega(Fe)$ 为 46.04%～47.71%,平均 46.49%,这与黄铁矿理论值相近;$\omega(As)$ 为 0～0.070%,平均 0.022%,含量极低。其中,细粒立方体形黄铁矿的 5 个测点中只有 1 个含金量超出检出限,$\omega(Au)$ 为 0.038%。而细粒它形碎裂状黄铁矿的 5 个测点中有 3 个含金量超出检出限,$\omega(Au)$ 为 0.014%～0.037%,平均 0.024%,相比来说含金比例和含金量较高。

石英脉型矿石中的黄铁矿主要呈它形细粒状,常常被磁铁矿所包裹,磁铁矿也常常单独出现,部分具有环带结构[图 2-5(f),图 2-5(g)]。此外还含有少量的自然金[图 2-5(h)]。电子探针点分析显示,$\omega(S)$ 为 51.86%～52.75%,平均 52.42%,$\omega(Fe)$ 为 46.18%～47.57%,平均 47.02%,这与黄铁矿理论值有一些偏差,即 S 含量偏少,Fe 含量偏多;$\omega(As)$ 为 0～0.050%,平均 0.027%,含量极低。3 个测点中有 2 个含金量超出检出限,$\omega(Au)$ 为 0.027%～0.037%,平均 0.032%。自然金中 $\omega(Au)$ 为 80.776%,纯度不高,$\omega(Ag)$ 为 8.197%,此外,还有少量的 Fe,$\omega(Fe)$ 为 8.561%。

综上所述,永新金矿床的金主要分为可见金和不可见金[图 2-4(j)至图 2-4(l)]两种类型。其中可见金主要赋存于石英脉或黄铁矿晶体裂隙中,不可见金主要以纳米级的 Au^0 或固溶体金 Au^+ 的形式赋存于含金的黄铁矿中。在含金的各种形态的黄铁矿中,以细粒它形的黄铁矿含金性最好。几乎所有黄铁矿的 $\omega(Co)/\omega(Ni)$ 均远远大于 1,显示了不同形态不同赋存状态的黄铁矿均为热液成因黄铁矿。

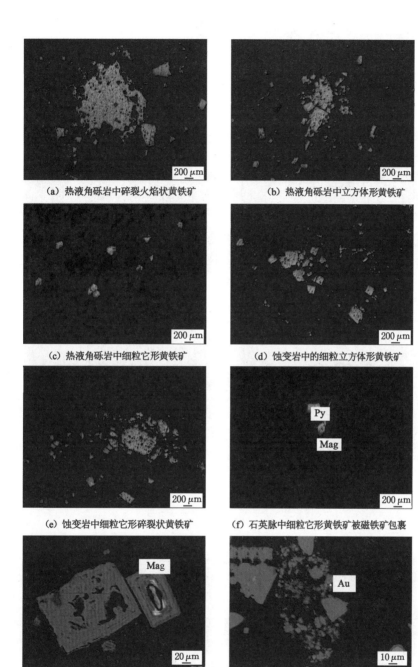

（a）热液角砾岩中碎裂火焰状黄铁矿　　　（b）热液角砾岩中立方体形黄铁矿

（c）热液角砾岩中细粒它形黄铁矿　　　　（d）蚀变岩中的细粒立方体形黄铁矿

（e）蚀变岩中细粒它形碎裂状黄铁矿　　　（f）石英脉中细粒它形黄铁矿被磁铁矿包裹

（g）石英脉中单独磁铁矿晶体，显示了　　　（h）石英脉中的自然金（BSE图像）
　　一定的环带结构（BSE图像）

Au—自然金；Py—黄铁矿；Mag—磁铁矿。

图 2-5　永新金矿床不同矿石类型的载金矿物图像

（注：BSE 指背散射电子成像）

2.6 围岩蚀变及矿化阶段

永新金矿床热液蚀变主要包括硅化、绢云母化、碳酸盐化、黏土化、青磐岩化和钾长石化等(图 2-6,图 2-7)。

(a) 硅化形成的细小石英脉

(b) 黄铁矿引起的绢云母化蚀变

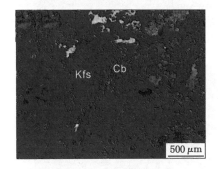

(c) 钾长石发生碳酸盐化蚀变

(d) 斜长石边部发生黏土化蚀变

图 2-6 永新金矿床围岩蚀变特征

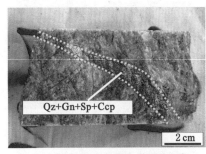

(a) 石英+方铅矿+闪锌矿+黄铜矿细脉
穿切强硅化糜棱岩

(b) 黄铁矿±黄铜矿+方铅矿+闪锌矿脉
穿切花岗质糜棱岩

Ccp—黄铜矿;Gn—方铅矿;Py—黄铁矿;Sp—闪锌矿;Qz—石英;Ser—绢云母;Kfs—钾长石;
Mly—花岗质糜棱岩;DP—闪长玢岩;GP—花岗斑岩。

图 2-7 永新金矿床矿化蚀变特征

(c) 石英+黄铜矿+绢云母(蚀变晕)
脉穿切闪长玢岩

(d) 黄铁矿+方铅矿+方铅矿+石英细脉
穿切花岗斑岩

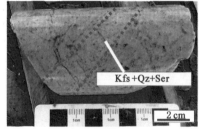

(e) 发育有钾长石+石英+
绢云母细脉

(f) 角砾岩中发育绢云+石英+
黄铁矿细脉

图 2-7(图)

硅化:是永新金矿床最普遍的蚀变之一(图 2-8),与成矿关系最为紧密。硅化最常见的表现形式是热液角砾岩型矿石中发育大量不规则的细脉状石英[图 2-6(a),图 2-9(e),图 2-9(f)]。硅化具有多阶段产出特征,在早阶段与绢云母共生[图 2-9(b),图 2-9(c)];进入成矿阶段依次可形成乳白色、灰褐色石英;在主成矿阶段为灰色、深灰色,可呈隐晶质细脉状、网脉状产出,呈现低温硅化特征,通常以充填状产出,常伴生有黄铁矿化、绢云母化[图 2-9(e),图 2-9(f)]。

绢云母化:矿区普遍发育,多呈网脉状、小鳞片状和团块状产出,主要由斜长石蚀变矿物、石英等组成,在成矿阶段周围常出现大量黄铁矿[图 2-6(b)],同时可与硅化伴生,多呈现绢云母蚀变晕的特点[图 2-7(c),图 2-9(b),图 2-9(c)]。

碳酸盐化:主要出现在蚀变安山岩和闪长玢岩中,常常可见交代钾长石[图 2-6(c)],或表现为沿节理裂隙贯入的方解石脉,部分方解石脉附近有石英脉相互充填、交切,与矿化关系不明显[图 2-9(g)]。

黏土化:主要出现在闪长玢岩中,常常交代斜长石的边缘并在其周围形成黏土化环带。与矿化关系不明显[图 2-6(d)]。

青磐岩化:区内出现的范围较大,主要由绿泥石和绿帘石共同出现而形成,蚀变强度较弱处为浅绿黄色,中等处呈现浅绿色。该岩化作用在矿体围岩中普遍呈面状蚀变发育,早阶段主要以绿帘石化为主,发育在围岩正长花岗岩中,由角闪石、斜长石热液蚀变形成;在成矿阶段主要以绿泥石化为主,与灰色石英、乳白色石英伴生。

通过对矿区典型勘探线剖面蚀变特征的分析可知,蚀变从地表至深部具有分带性,依次为黄铁矿化、青磐岩化→青磐岩化、硅化、黄铁矿化→泥化、青磐岩化、黄铁矿化→绢英岩化(含硅化)、黄铁矿化(图 2-8)。而在水平方向,从矿体中心向矿体外围,永新金矿热液蚀变同样具有明显的分带特征,相应的蚀变带强度从矿体中心向外围依次变弱[图 2-1(a)],由矿

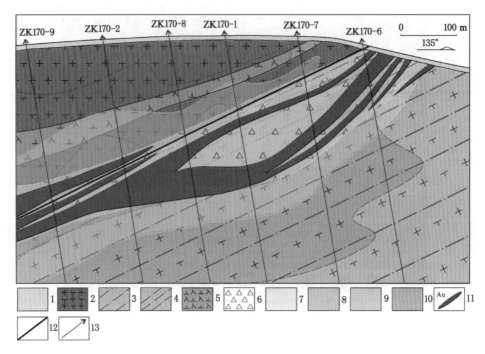

1—第四系；2—晚石炭世正长花岗岩；3—晚石炭世初糜棱岩；4—早石炭世糜棱岩；5—闪长玢岩；6—角砾岩；
7—硅化蚀变带；8—高岭土化蚀变带；9—绢英岩化蚀变带；10—青磐岩化蚀变带；11—金矿体；12—断裂；13—钻孔。

图 2-8　永新金矿床 170 勘探线岩性-蚀变-矿化剖面图

体中心向外围依次为硅化带→绢云母化带→钾长石化带。其中，硅化带与矿体基本对应，直接制约着矿体的范围，主要蚀变类型有硅化和绢云母化，蚀变矿物组合为石英＋黄铁矿＋闪锌矿＋方铅矿＋绢云母（为方便表述，"＋"表示存在该矿物，"－"表示不存在该矿物），该带中黄铁矿及金属硫化物较多，金属硫化物呈微细浸染状分布在角砾岩胶结物中[图 2-7(a)，图 2-7(b)，图 2-7(d)，图 2-9(e)，图 2-9(f)]。绢云母化带，位于矿化带中部，靠近矿体外围，与硅化带成过渡关系，带内见有部分矿化，蚀变矿物组合为绢云母＋石英＋黄铁矿＋绿泥石±钾长石，局部见有少量的金属硫化物（如方铅矿和闪锌矿）[图 2-7(c)，图 2-7(f)]；钾长石化带，位于矿体最外围，与绢云母化带呈渐变过渡关系，基本没有金矿化，蚀变矿物组合为钾长石＋石英±黄铁矿±绢云母±黄铁矿±绿泥石±方解石±高岭石[图 2-7(e)]。硅化与金矿化关系最为密切，最常见的表现形式是以脉状、网脉状分布在热液角砾岩中[图 2-3(c)，图 2-3(d)]。

　　根据矿物共生组合关系和细脉的相互穿切关系，将永新金矿划分成了四个成矿阶段（图 2-10）。

　　第一成矿阶段（Ⅰ）：主要的特点是发育有呈不规则状产出的乳白色石英和钾长石，硫化物含量非常少，偶尔在石英表面可见到微小的它形黄铁矿颗粒，该阶段主要以钾化的形式出现在花岗斑岩和正长花岗岩中[图 2-9(a)]。

　　第二成矿阶段（Ⅱ）：主要的特点是发育细粒、浸染状、半自形的黄铁矿以及呈灰色至烟灰色的石英网脉，形成宽度不等（0.5～3 cm）的细脉[图 2-9(b)，图 2-9(c)]，该阶段主要形成于硅化角砾岩、蚀变岩和闪长玢岩中。该阶段还包含有少量的绢云母，主要出现在石英-黄

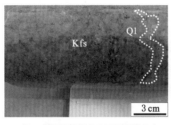

（a）第一成矿阶段发育呈不规则状产出的乳白色无矿波状石英（Q1）和钾化

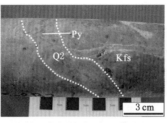

（b）第二成矿阶段发育的石英-黄铁矿-绢云母（蚀变晕）细脉（Q2）切割早期钾化和Q1

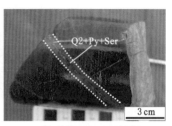

（c）石英-黄铁矿-绢云母（蚀变晕）细脉（Q2）切割青磐岩化闪长玢岩

（d）灰色石英-黄铁矿细脉（Q3）切割Q2

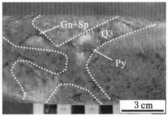

（e）含多金属硫化物的乳白色石英细脉（Q3）

（f）含多金属硫化物的灰黑色石英细脉（Q3）

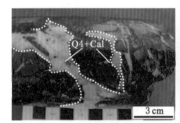

（g）石英-方解石细脉（Q4）

（h）梳状构造

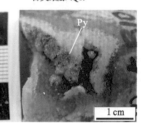

（i）晶簇状构造

Cal—方解石；Gn—方铅矿；Kfs—钾长石；Py—黄铁矿；Q—石英；Sp—闪锌矿。

图 2-9　永新金矿床不同成矿阶段细脉穿切关系手标本图

矿物	第一成矿阶段（Ⅰ）	第二成矿阶段（Ⅱ）	第三成矿阶段（Ⅲ）	第四成矿阶段（Ⅳ）	表生阶段
钾长石	◆				
石英	━	━	◆	━	
黄铁矿		◆	◆		
方铅矿			◆		
闪锌矿			◆		
黄铜矿			◆		
自然金			◆		
绢云母		◆			
绿帘石			◆		
绿泥石			◆		
冰长石				◆	
方解石				◆	
高岭石					━
赤铁矿					◆
针铁矿					◆

图 2-10　永新金矿床各成矿阶段的矿物共生组合

铁矿细脉的边部,呈现绢云母蚀变晕[图 2-9(b),图 2-9(c)]的特点或作为普遍蚀变发育在各个岩石当中;少量的金矿化发生在该阶段。

第三成矿阶段(Ⅲ):该阶段是永新金矿主要的金矿化成矿阶段,该阶段包含了大量的黄铁矿、石英、方铅矿和闪锌矿,还有少量的黄铜矿[图 2-4(b),图 2-9(e),图 2-9(f)];偶尔可见到自然金,它主要以包裹体的形式存在于黄铁矿和石英中。第三阶段的石英-黄铁矿脉明显比第二阶段细脉宽,主要呈灰色至灰黑色。黄铁矿主要以细粒半自形集合体状[图 2-9(e)]和多金属硫化物(石英±方铅矿±闪锌矿±黄铜矿)脉形式发育在角砾基质中[图 2-9(e),图 2-9(h)],该阶段 Q3 脉明显切割 Q2 脉[图 2-9(d)]。该阶段常见有晶簇状和梳状构造,这暗示它们结晶于同一个伸展环境[图 2-9(h),图 2-9(i)]。

第四成矿阶段(Ⅳ):该阶段标志着热液活动的减弱,该阶段的特点是发育有乳白色方解石细脉和不规则的呈绸带状的石英[图 2-9(g)],这表现为主要沿裂隙贯入的方解石脉,部分方解石附近有石英脉相互充填、交切,石英脉主要以青磐岩化的形式出现在远离矿体的围岩中,该阶段基本代表了永新金矿床金成矿作用的结束。

第 3 章　成岩成矿时代研究

　　成岩成矿时代研究,不仅是矿床学研究的基础,而且成岩成矿年龄的精准确定对矿床成因、控矿因素、区域成矿地质背景、动力学背景以及区域成矿规律等方面的研究都具有极为重要的意义,同时对区域成矿预测,以及勘查区下一步具体的勘查工作也起着至关重要的指导作用(程裕淇等,1983;陈毓川等,1994;毛景文等,2006)。但成矿过程具有多期性和复杂性,同时在热液型矿床,尤其是金矿床中缺少合适的定年矿物,因此,精准限定金矿的成矿时代一直都是矿床学研究的难点和热点。本章针对矿区与成矿关系密切的岩浆岩,利用锆石U-Pb定年的方法间接限定其成岩时代,并采用 Rb-Sr 同位素测年方法直接限定主成矿阶段的含金黄铁矿的成矿时代,从而建立永新金矿床岩浆演化序列及其与成矿的关系。

3.1　成岩时代

1. 正长花岗岩

　　中-粗粒正长花岗岩(170-4,为样品编号,下同):锆石呈自形-半自形板状,粒径大小为 $100\sim160~\mu m$,晶形相对比较好,主要有长柱状和短柱状,它们的长宽比介于 2∶1∼3∶1 之间。在阴极发光(CL)(图 3-1)图像中,本次测试的锆石多具有清晰均匀的岩浆振荡环带,未发现增长边或核幔结构。锆石的 $\omega(Th)$ 和 $\omega(U)$ 分别为 $3.8\times10^{-5}\sim4.41\times10^{-4}$ 和 $7.7\times10^{-5}\sim8.34\times10^{-4}$,$\omega(Th)/\omega(U)$ 为 $0.25\sim0.59$(平均 0.45),从而指示了岩浆成因锆石的特点(Hoskin,2003)。实验中的 13 个测试点的锆石 U-Pb 谐和年龄介于 $311\sim321$ Ma 之间,其加权平均年龄为 (316 ± 2) Ma(MSWD=0.98,MSWD 指平均标准权重偏差)(图 3-2),该年龄代表了正长花岗岩的结晶年龄。除此之外,样品测试结果中还存在一个 ^{206}Pb-^{238}U 年龄

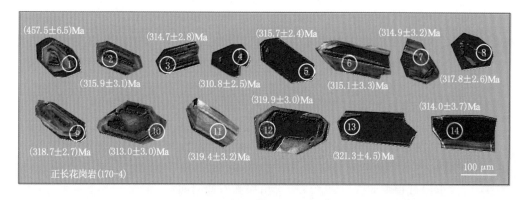

图 3-1　永新金矿床中-粗粒正长花岗岩(170-4)锆石 CL 图像和测点位置

为(457±7)Ma 的测点,该年龄应该为岩浆上侵过程中捕获锆石的时间。在区域上已有研究表明,该区域存在大量的早古生代花岗岩,年龄在 440~500 Ma 之间(葛文春等,2005,2007a;佘宏全等,2012;隋振民等,2006;赵忠海等,2014)。

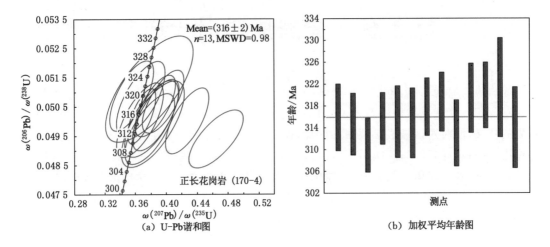

图 3-2　永新金矿床中-粗粒正长花岗岩 U-Pb 谐和图及加权平均年龄图
(Mean 表示平均年龄,n 表示测点数)

2. 花岗斑岩

花岗斑岩(170-7):锆石多呈自形-半自形板状,粒径大小为 100~180 μm;晶形相对比较好,主要有长柱状和短柱状,它们的长宽比介于 2:1~2.5:1 之间。在阴极发光(CL)图像[图 3-3(a)]中,本次测试的锆石多具有清晰均匀的岩浆振荡环带。锆石的 $\omega(Th)$ 和 $\omega(U)$ 分别为 $3.88×10^{-4}$~$3.145×10^{-3}$ 和 $3.58×10^{-4}$~$1.684×10^{-3}$,$\omega(Th)/\omega(U)$ 为 0.86~2.44(平均 1.76),指示岩浆成因锆石的特点(Hoskin,2003)。实验中的 15 个测试点的锆石 U-Pb 谐和年龄介于 117~122 Ma 之间,其加权平均年龄为(119.1±0.9)Ma[MSWD=2.40;详见图 3-4(a)],该年龄代表了花岗斑岩的结晶年龄。除此之外,样品测试结果中还存在一个 ^{206}Pb-^{238}U 年龄为(313±4)Ma 的测点,该年龄应该为岩浆上侵过程中捕获围岩锆石的时间。

花岗斑岩(YX-11):锆石多呈自形-半自形板状,粒径大小为 100~150 μm;晶形相对比较好,主要有长柱状和短柱状,它们的长宽比介于 1.8:1~3.4:1 之间。在阴极发光图像[图 3-3(b)]中,本次测试的锆石多具有清晰均匀的岩浆振荡环带。锆石的 $\omega(Th)$ 和 $\omega(U)$ 分别为 $1.412×10^{-3}$~$4.816×10^{-3}$ 和 $8.59×10^{-4}$~$1.768×10^{-3}$,$\omega(Th)/\omega(U)$ 为 0.93~2.86(平均 2.10),这指示出岩浆成因锆石的特点(Hoskin,2003)。实验中的 11 个测试点的锆石 U-Pb 谐和年龄介于 116~121 Ma 之间,其加权平均年龄为(119.3±0.7)Ma(MSWD=0.84)[图 3-4(c),图 3-4(d)],该年龄代表了花岗斑岩的结晶年龄。除此之外,样品测试结果中还存在 ^{206}Pb-^{238}U 年龄分别为(126.3±1.0)Ma 和(126.7±1.3)Ma 的 2 个测点,该年龄应该为岩浆上侵过程中捕获围岩龙江组火山岩锆石的时间。

以上两个花岗斑岩样品中锆石的结晶年龄基本一致[(119.1±0.9)Ma 和(119.3±0.7)Ma],从而基本确定了永新金矿床出露的花岗斑岩的成岩年龄为(119±1)Ma。

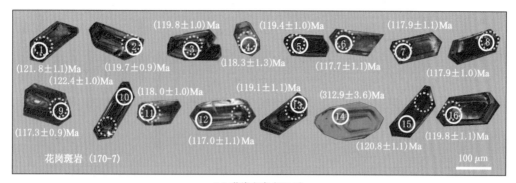

(a) 花岗斑岩 (170-7)

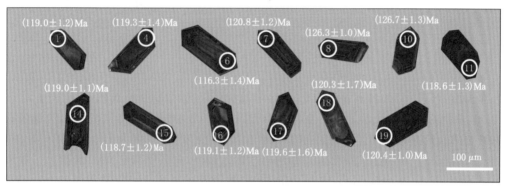

(b) 花岗斑岩 (YX-11)

图 3-3　永新金矿床花岗斑岩的锆石 CL 图像和测点位置图
（实心圈代表 U-Pb 测年分析点；虚线圈代表 Lu-Hf 分析测试点）

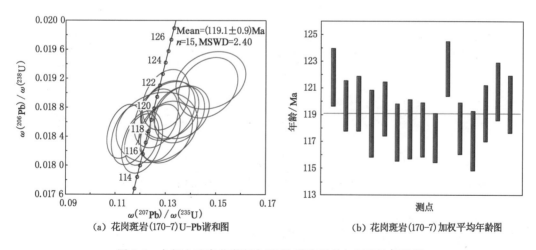

(a) 花岗斑岩 (170-7) U-Pb 谐和图　　　　(b) 花岗斑岩 (170-7) 加权平均年龄图

图 3-4　永新金矿床花岗斑岩 U-Pb 谐和图及加权平均年龄图

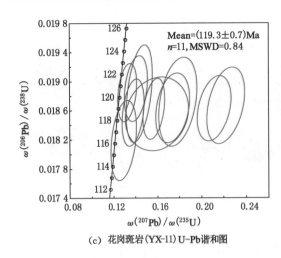

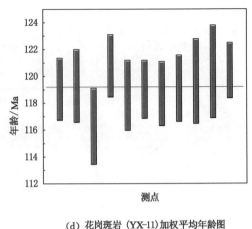

(c) 花岗斑岩(YX-11)U-Pb谐和图   (d) 花岗斑岩(YX-11)加权平均年龄图

图 3-4(续)

3. 闪长玢岩

闪长玢岩(165-25):锆石多呈自形-半自形粒状或板状,个别呈浑圆状,粒径大小为70~120 μm,它们的长宽比接近 2:1。在阴极发光图像[图 3-5(a)]中,本次测试的锆石多具有清晰均匀的岩浆振荡环带。锆石的 $\omega(Th)$ 和 $\omega(U)$ 变化较大,分别为 $1.0\times10^{-5}\sim1.361\times10^{-3}$ 和 $1.6\times10^{-5}\sim6.84\times10^{-4}$,$\omega(Th)/\omega(U)$ 为 $0.56\sim1.99$(平均 1.00),这指示了岩浆成因锆石的特点(Hoskin,2003)。实验中的 18 个测试点的锆石 U-Pb 谐和年龄介于 117~126 Ma 之间,其加权平均年龄为(119.4±0.9)Ma(MSWD=0.86)[图 3-6(a),图 3-6(b)],该年龄代表了闪长玢岩的结晶年龄。除此之外,样品测试结果中还存在^{206}Pb-^{238}U 年龄分别为(282.7±3.4)Ma 和(294.5±3.6)Ma 的 2 个测点,该年龄应该为岩浆上侵过程中捕获围岩早二叠世花岗岩锆石的年龄(曲晖等,2015;赵院东等,2015)。

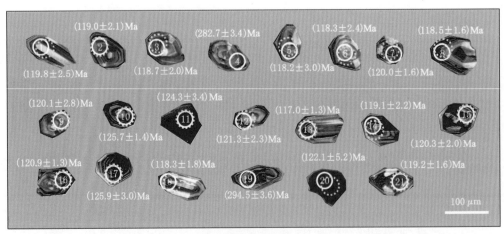

(a) 闪长玢岩(165-25)

图 3-5　永新金矿床闪长玢岩的锆石 CL 图像和测点位置图
(实心圈代表 U-Pb 测年分析点;虚线圈代表 Lu-Hf 分析测试点)

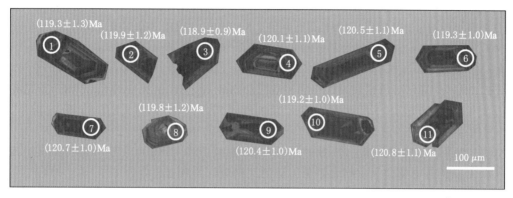

(b) 闪长玢岩(175-14)

图 3-5(续)

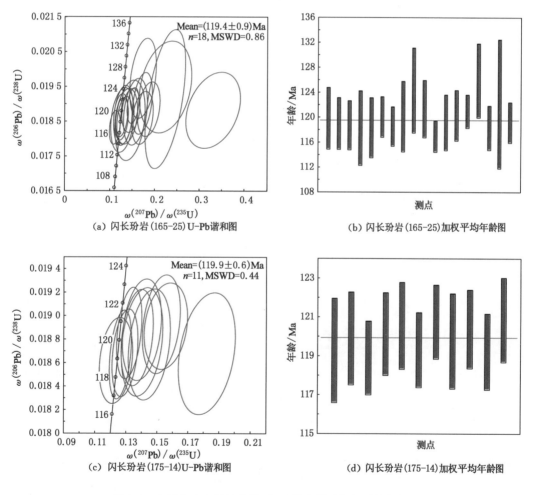

(a) 闪长玢岩(165-25)U-Pb谐和图

(b) 闪长玢岩(165-25)加权平均年龄图

(c) 闪长玢岩(175-14)U-Pb谐和图

(d) 闪长玢岩(175-14)加权平均年龄图

图 3-6 永新金矿床闪长玢岩 U-Pb 谐和图及加权平均年龄图

闪长玢岩(175-14):锆石多呈自形-半自形板状,粒径大小为 90～190 μm;晶形相对比较好,主要有长柱状和短柱状,它们的长宽比介于 1.5∶1～4∶1 之间。在阴极发光图像[图 3-5(b)]中,本次测试的锆石多具有较为明显的岩浆振荡环带。锆石的 $\omega(Th)$ 和 $\omega(U)$ 变化较大,分别为 4.07×10^{-4}～2.931×10^{-3} 和 3.57×10^{-4}～1.376×10^{-3},$\omega(Th)/\omega(U)$ 为 1.14～2.20(平均 1.94),这指示了岩浆成因锆石的特点(Hoskin,2003)。实验中的 11 个测试点的锆石 U-Pb 谐和年龄介于 119～121 Ma 之间,其加权平均年龄为(119.9±0.6)Ma(MSWD=0.44)[图 3-6(c),图 3-6(d)],该年龄代表了闪长玢岩的结晶年龄。

以上两个闪长玢岩样品中锆石的结晶年龄基本一致[(119.4±0.9)Ma 和(119.9±0.6)Ma],从而基本确定了永新金矿床出露的花岗斑岩的成岩年龄为 119～120 Ma。

4. 光华期英安岩

光华期英安岩(YX-004):锆石多呈自形-半自形板状,粒径大小为 80～110 μm,它们的长宽比介于 1.5∶1～2∶1 之间。在阴极发光图像[图 3-7(a)]中,本次测试的锆石多具有较为明显的岩浆振荡环带。锆石的 $\omega(Th)$ 和 $\omega(U)$ 变化较大,分别为 9.2×10^{-5}～9.05×10^{-4} 和 6.0×10^{-5}～3.2×10^{-4},$\omega(Th)/\omega(U)$ 为 1.4～3.0(平均 2.2),这指示了岩浆成因锆石的特点(Hoskin,2003)。实验中的 16 个测试点的锆石 U-Pb 谐和年龄介于 107～116 Ma 之间,其加权平均年龄为(111.7±1.5)Ma(MSWD=2.2)[图 3-8(a),图 3-8(b)],该年龄代表了光华期英安岩的结晶年龄。

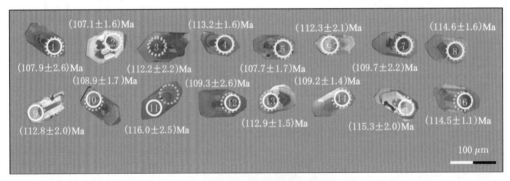

(a) 光华组英安岩(YX-004)

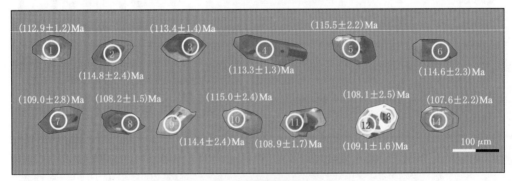

(b) 光华组英安岩(YX-005)

图 3-7　永新金矿床光华期英安岩的锆石 CL 图像和测点位置图
(实心圈代表 U-Pb 测年分析点;虚线圈代表 Lu-Hf 分析测试点)

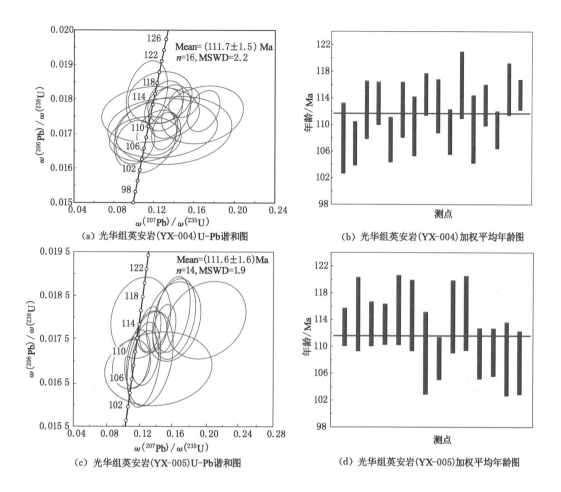

图 3-8　永新金矿床光华期英安岩 U-Pb 谐和图及加权平均平均图

光华期英安岩(YX-005):锆石多呈自形-半自形板状,粒径大小为 $70\sim180~\mu m$,它们的长宽比介于 1.5∶1~3∶1 之间。在阴极发光图像[图 3-7(b)]中,本次测试的锆石多具有较为明显的岩浆振荡环带。锆石的 $\omega(Th)$ 和 $\omega(U)$ 变化较大,分别为 $9.0\times10^{-5}\sim4.55\times10^{-4}$ 和 $6.2\times10^{-5}\sim2.33\times10^{-4}$,$\omega(Th)/\omega(U)$ 为 1.5~2.1(平均 1.8),这指示了岩浆成因锆石的特点(Hoskin,2003)。实验中的 14 个测试点的锆石 U-Pb 谐和年龄介于 108~116 Ma 之间,其加权平均年龄为 $(111.6\pm1.6)Ma(MSWD=1.9)$[图 3-8(c),图 3-8(d)],该年龄代表了光华期英安岩的结晶年龄。

以上两个光华期英安岩样品中锆石的结晶年龄基本一致[$(111.7\pm1.5)Ma$ 和 $(111.6\pm1.6)Ma$],基本确定了永新金矿床出露的光华期英安岩的成岩年龄为 111~112 Ma。

5. 龙江期安山岩

龙江期安山岩(YX-006):锆石多呈自形-半自形板状,个别呈浑圆形,粒径大小为 $60\sim170~\mu m$,它们的长宽比介于 1.2∶1~3.4∶1 之间。在阴极发光图像(图 3-9)中,本次测试的锆石多具有明显的岩浆振荡环带。锆石的 $\omega(Th)$ 和 $\omega(U)$ 变化较大,分别为 $7.7\times10^{-5}\sim4.84\times$

10^{-4} 和 $7.0\times10^{-5}\sim2.06\times10^{-4}$,$\omega(\mathrm{Th})/\omega(\mathrm{U})$ 为 $1.0\sim2.3$(平均 1.7),这指示了岩浆成因锆石的特点(Hoskin,2003)。实验中的 11 个测试点的锆石 U-Pb 谐和年龄介于 $116\sim124$ Ma 之间,其加权平均年龄为 (119.7 ± 1.9) Ma(MSWD=1.4)[图 3-10(a),图 3-10(b)],该年龄代表了龙江期安山岩的结晶年龄。

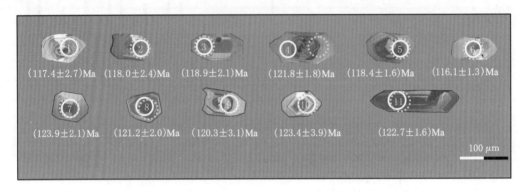

图 3-9 永新金矿床龙江期安山岩(YX-006)锆石 CL 图像和测点位置图

(实心圈代表 U-Pb 测年分析点;虚线圈代表 Lu-Hf 分析测试点)

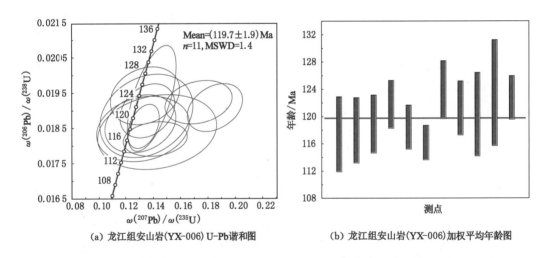

(a) 龙江组安山岩(YX-006)U-Pb 谐和图   (b) 龙江组安山岩(YX-006)加权平均年龄图

图 3-10 永新金矿床龙江期安山岩 U-Pb 谐和图及加权平均年龄图

3.2 成矿时代

3.2.1 黄铁矿 Rb-Sr 测年结果

本次测试的 7 件含金黄铁矿的 Rb-Sr 等时线年龄见图 3-11。永新金矿床含金黄铁矿的 $\omega(\mathrm{Rb})$ 和 $\omega(\mathrm{Sr})$ 变化范围分别为 $(0.698\sim4.40)\times10^{-6}$、$(1.58\sim9.1)\times10^{-6}$;$\omega(^{87}\mathrm{Rb})/\omega(^{86}\mathrm{Sr})$ 变化范围为 $0.700\,8\sim4.581\,9$,$\omega(^{87}\mathrm{Sr})/\omega(^{86}\mathrm{Sr})$ 的变化范围为 $0.708\,569\sim0.714\,352$。永新金矿床 7 件含金黄铁矿数据在 Rb-Sr 等时线年龄图上构成了非常线性的拟合关系(图 3-11),Rb-Sr 等时线年龄的计算采用 Isoplot/Ex_ver3 技术程序(Ludwig,2003),计算获得的等时

线平均年龄为 $(106.7 \pm 3.8)\,\mathrm{Ma}\,(\mathrm{MSWD} = 0.81)$，$\left[\omega(^{87}\mathrm{Sr})/\omega(^{86}\mathrm{Sr})\right]_i\left[(\ast)_i\right.$ 代表 $\ast$ 的初始值$\left.\right]$ 为 $0.707\,489 \pm 0.000\,057$。

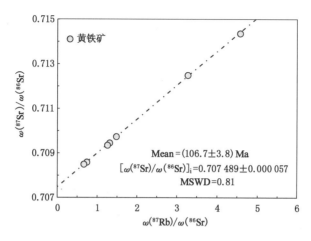

图 3-11　永新金矿床含金黄铁矿 Rb-Sr 等时线年龄

3.2.2　黄铁矿 Rb-Sr 同位素测年可靠性分析

大量的研究成果表明，黄铁矿中的 Rb 和 Sr 可能赋存于宿主矿物中的流体包裹体中或晶格缺陷中(陈光远等，1989；Lüders et al.，1999；Li et al.，2008；Wan et al.，2009)。因此，黄铁矿的 Rb 和 Sr 同位素可以用来示踪成矿流体的演化进程，同时黄铁矿自身的 $\omega(\mathrm{Rb})$、$\omega(\mathrm{Sr})$ 和 $\omega(\mathrm{Rb})/\omega(\mathrm{Sr})$ 的变化为年代学的测定提供了有利的条件。热液矿物 Rb-Sr 等时线测年的基本要求和实现定年的关键是：① 同源性，即选择主成矿期与金共生的黄铁矿；② 同时性，即选定的黄铁矿与金是同时形成的，具有同时性；③ 封闭性，即热液体系在矿物形成后保持对 Rb 和 Sr 的封闭；④ $\left[\omega(^{87}\mathrm{Sr})/\omega(^{86}\mathrm{Sr})\right]_i$ 的均一性以及 $\left[\omega(^{87}\mathrm{Rb})/\omega(^{86}\mathrm{Sr})\right]_i$ 具有较大的变化性和差异性(刘建民等，1998；李文博等，2002)。同时选择的黄铁矿应尽量具有完整的晶形，可以保持相对成体系的封闭性，并且选择的黄铁矿尽量是同一矿体的不同部位的样品，从而有助于提高黄铁矿 Rb-Sr 同位素定年的成功率。近年来，随着实验技术进步和仪器设备的改良，国内外许多学者直接利用黄铁矿的 Rb-Sr 同位素定年法成功确定了热液型金矿床的成矿年龄(Yang et al.，2000；Li et al.，2008；Wang et al.，2014；Dong et al.，2014；Kong et al.，2018)。

本次研究工作选择结晶较好的主成矿期的致密块状热液角砾岩型矿石中的含金黄铁矿[图 2-4(j)至图 2-4(l)]作为研究对象，采集的 7 件黄铁矿样品来自同一矿体的局部较小范围内的不同位置，同时，本次对永新金矿床的矿石结构进行了详细的镜下观察和研究，基本确定所取的黄铁矿与金同时形成，以上基本确保了黄铁矿 Rb-Sr 同位素定年的前提条件。在本次实验过程中，黄铁矿不仅被粉碎至 200 目以下，还进行了超声波清洗，基本排除次生包裹体对测年误差的干扰(刘建民等，1998)。

对于本次测试数据的合理性，依据李文博等(2002)提出的 $1/\omega(\mathrm{Sr})$ 和 $\omega(^{87}\mathrm{Sr})/\omega(^{86}\mathrm{Sr})$ 以及 $1/\omega(\mathrm{Rb})$ 和 $\omega(^{87}\mathrm{Rb})/\omega(^{86}\mathrm{Sr})$ 的关系图(图 3-12)，通过判断 $\left[\omega(^{87}\mathrm{Sr})/\omega(^{86}\mathrm{Sr})\right]_i$ 在硫化物生成过程中是否保持不变，从而判断测试数据是否合理。本次研究测试的 7 件黄铁矿

样品的 $\omega(\mathrm{Rb})$ 和 $\omega(\mathrm{Sr})$ 变化范围分别为 $(0.698\sim4.40)\times10^{-6}$ 和 $(1.58\sim9.10)\times10^{-6}$，$\omega(^{87}\mathrm{Rb})/\omega(^{86}\mathrm{Sr})$ 和 $\omega(^{87}\mathrm{Sr})/\omega(^{86}\mathrm{Sr})$ 的变化范围分别为 $0.7008\sim4.5819$ 和 $0.708569\sim0.714352$，这显示测试的含金黄铁矿的 $\omega(\mathrm{Rb})$ 和 $\omega(\mathrm{Sr})$ 变化范围较大，而 $\omega(^{87}\mathrm{Rb})/\omega(^{86}\mathrm{Sr})$ 和 $\omega(^{87}\mathrm{Sr})/\omega(^{86}\mathrm{Sr})$ 则相对稳定；测试结果在图 3-12 中显示较为明显，即 $1/\omega(\mathrm{Rb})$ 和 $\omega(^{87}\mathrm{Rb})/\omega(^{86}\mathrm{Sr})$ 以及 $1/\omega(\mathrm{Sr})$ 和 $\omega(^{87}\mathrm{Sr})/\omega(^{86}\mathrm{Sr})$ 之间不存在明显的线性关系，且相对稳定，从而反映了黄铁矿在生长期间 $[\omega(^{87}\mathrm{Sr})/\omega(^{86}\mathrm{Sr})]_i$ 基本保持不变，黄铁矿与其中的矿物包裹体同时生长时的同位素达到了平衡。因此，本次测试的黄铁矿 Rb-Sr 等时线年龄具有实际意义，能够代表永新金矿床的成矿年龄。

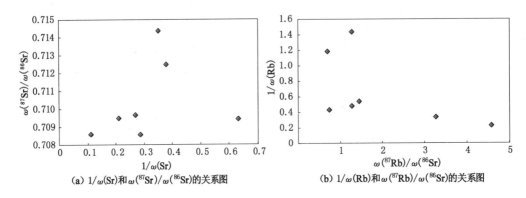

（a）$1/\omega(\mathrm{Sr})$ 和 $\omega(^{87}\mathrm{Sr})/\omega(^{86}\mathrm{Sr})$ 的关系图　　　（b）$1/\omega(\mathrm{Rb})$ 和 $\omega(^{87}\mathrm{Rb})/\omega(^{86}\mathrm{Sr})$ 的关系图

图 3-12　永新金矿床含金黄铁矿 $1/\omega(\mathrm{Sr})$ 和 $\omega(^{87}\mathrm{Sr})/\omega(^{86}\mathrm{Sr})$ 以及 $1/\omega(\mathrm{Rb})$ 和
$\omega(^{87}\mathrm{Rb})/\omega(^{86}\mathrm{Sr})$ 的关系图

3.2.3　永新金矿床成矿时代

永新金矿床含矿热液角砾岩中的角砾成分主要为钾长石、石英和赋矿围岩正长花岗岩[图 2-3(e)]，通过野外实地观察和室内镜下详细研究，矿区内花岗斑岩和闪长玢岩与永新金矿体的时空关系密切，均见花岗斑岩和闪长玢岩被后期含矿硫化物石英脉穿切[图 2-6(c)，图 2-6(d)]，同时花岗斑岩和闪长玢岩都具有较强的金矿化，含金品位在 $0.1\sim0.6$ g/t，花岗斑岩和闪长玢岩的成岩年龄可作为限定永新金矿成矿的上限年龄。这些特征显示永新金矿床的成矿年龄明显年轻于矿区正长花岗岩和与成矿关系密切的火山-次火山岩。

本次研究获得了与成矿作用存在密切成因联系的 2 件花岗斑岩和 2 件闪长玢岩的锆石 U-Pb 年龄。其中，花岗斑岩的年龄分别为 (119.4 ± 0.9) Ma 和 (119.9 ± 0.6) Ma，闪长玢岩的年龄分别为 (119.1 ± 0.9) Ma 和 (119.3 ± 0.7) Ma，从而基本确定花岗斑岩和闪长玢岩的成岩年龄一致，均在 119～120 Ma 之间；同时，本次获得的作为热液角砾岩角砾的正长花岗岩的锆石 U-Pb 年龄为 (316 ± 2) Ma；另外，龙江期安山岩和光华期英安岩的锆石 U-Pb 年龄分别为 (119.7 ± 1.9) Ma 和 (112 ± 2) Ma。

在永新金矿床所处的小兴安岭地区大范围分布有与同期火山-次火山岩成因密切相关的浅成低温热液型金矿，成矿时代基本在 120～99 Ma（表 3-1）（图 3-13）。在矿区及矿区外围发育有早白垩世火山岩，被划分为龙江组、光华组和甘河组，他们普遍被认为与金矿化关系密切（Yakubchuk，2009；Yang et al.，2003；Zhou et al.，2002；Sun et al.，2013a）。这些矿床的成矿作用与成岩时代近于同时发生或相差 10 Ma 以内，如东安金矿发育的与成矿密切相关的流纹斑岩

[(108.1±2.4)Ma](Z.C.Zhang et al.,2010a),成矿年龄为(107.2±0.6)Ma(J.H.Zhang et al.,2010a);团结沟金矿发育的与成矿密切相关的安山玢岩[(113.3±1.2)Ma](Sun et al.,2013a),金矿成矿年龄为(113.8±4.4)Ma(Wang et al.,2014);三道湾子发育的与成矿密切相关的流纹岩[(125.3±1.8)Ma](Liu et al.,2011),成矿年龄为(119.1±3.9)Ma(Zhai et al.,2015)。以上均显示成矿年龄和同期作用形成的火山-次火山岩及超浅成侵入岩的成岩年龄相差 10 Ma 以内。

表 3-1　小兴安岭早白垩世典型浅成热液型金矿床成岩成矿年龄统计一览表

序号	矿床名称	坐标	组分	岩石/矿物	测试方法	年龄/Ma	吨位及品位	资料来源
1	白石砬子	50°45′N,127°12′E	Au	闪长玢岩	LA-ICP-MS	122.3±1.3	4 t @1.5 g/t	高燊,2017
2	北大沟	50°25′N,127°03′E	Au	英安岩	LA-ICP-MS	122.0±1.1	>5 t @ 19.5 g/t	R.Z.Gao et al.,2017b
				石英	Rb-Sr	115.5±4.4		高燊,2017
3	上马场	50°23′N,127°16′E	Au	安山岩	LA-ICP-MS	119.4±1.9	>11 t@ 4.2~9.3 g/t	高燊,2017
				方解石脉	Sm-Nd	113.6±4.0		
4	三道湾子	50°23′N,127°02′E	Au-Te	流纹岩	LA-ICP-MS	125.3±1.8	22 t@ 13.98 g/t	Liu et al.,2011
				黄铁矿	Rb-Sr	119.1±3.9		Zhai et al.,2015
5	小泥鳅河	50°10′N,126°20′E	Au	赋金石英	SHRIMP	131	2 t@ 9.57 g/t	黑龙江省矿产资源潜力评价
6	东安	49°20′N,129°01′E	Au	流纹斑岩	SHRIMP	108.1±2.4	24.3 t@ 5.04 g/t	J.H.Zhang et al.,2010b
				绢云母	40Ar-39Ar	107.2±0.6		
7	高松山	48°51′N,129°21′E	Au	粗安岩	LA-ICP-MS	121±4	约 22 t@ 6.3 g/t	刘阳等,2017
				赋金石英	LA-ICP-MS	99.3±0.4		Hao et al.,2016
8	团结沟	48°22′N,130°16′E	Au	安山玢岩	LA-ICP-MS	113.3±1.2	81.6 t@ 4.61 g/t	Sun et al.,2013a
				黄铁矿	Rb-Sr	113.8±4.4		Wang et al.,2014
9	杜家河	48°07′N,130°14′E	Au	花岗闪长斑岩	K-Ar	115.2	1.35 t@ 4.54 g/t	谭成印,2009

基于以上分析,结合本次研究所获得的成岩年龄,推测永新金矿成矿年龄发生在火山-次火山岩形成之后(小于 112 Ma),并且成矿年龄应近同期或晚于火山-次火山岩的成岩年龄(小于 10 Ma)。为了准确限定永新金矿的成矿年龄,并验证之前的假设判断,本次对永新金矿主要成矿期的含矿热液角砾岩中的含金黄铁矿做了 Rb-Sr 同位素测年,获得的黄铁矿 Rb-Sr 等时线年龄为(106.7±3.8)Ma(MSWD=0.81),该年龄代表了永新金矿床的成矿年龄,成矿时代为早白垩世,与区域典型金矿床的成岩成矿时代相差 10 Ma 以内的规律基本一致。由此基本确定了永新金矿区火山喷出的年龄为 112~120 Ma(即两期火山活动,龙江期约为 120 Ma,光华期约为 112 Ma),后期次火山侵入的年龄约为 119 Ma,最后永新金矿成矿的年龄为(107±4)Ma,其成岩成矿热事件大致经历了近 10 Ma。

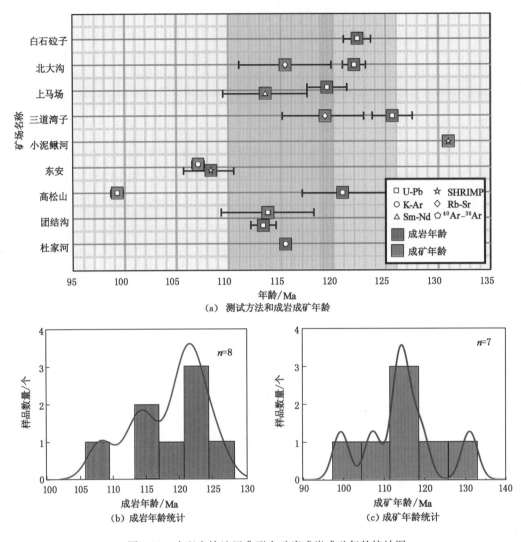

图 3-13　小兴安岭地区典型金矿床成岩成矿年龄统计图

3.3　成岩时代及其与成矿的关系

　　研究区位于小兴安岭地区,该区广泛发育中生代火山岩,尤其是早白垩世火山岩最为发育,被划分成了龙江组(板子房组)、光华组(宁远村组)、九峰山组(建兴组)、甘河组和福民河组(孤山镇组)(黑龙江省地质矿产局,1993;曲关生,1997),该套火山-次火山岩与浅成低温热液型金矿的成矿关系十分密切,发现了众多与之密切相关的大型-中型浅成低温热液型金矿(表 3-1)。其中,龙江组以中性火山岩为主,夹有少量中酸性火山岩,以安山岩、粗面安山岩、安山质凝灰岩、安山质火山角砾岩和玄武安山岩等为主,含有少量英安岩、英安质凝灰岩,龙江组成岩时代为 125～117 Ma(李永飞等,2013a,2013b;丁秋红等,2014;R. Z. Gao et al.,2017b;王苏珊等,2017;张超等,2017);光华组以酸性火山岩为主,夹有中酸性火山岩,以流纹岩、英安岩、流纹质凝灰岩、火山角砾岩等为主,局部见有黑耀岩和珍珠岩,成岩时代为 125～101 Ma(丁秋红等，2014；常景娟等，2015；R. Z. Gao et al.，2017b)；九峰山组为位于龙江组之上、甘河组之下的陆相含煤地层，岩性以砂岩(灰白色)、含砾砂岩、凝灰砂岩和灰黑色泥岩为主，夹有玄武岩；甘河组以中基性熔岩为主，主要由气孔状橄榄玄武岩、玄武安山岩和粗安岩组成，成岩时代为 123～82 Ma(李永飞等，2013a，2013b；Gu et al.，2016)；福民河组为火山喷发覆盖在甘河组之上的一套以酸性火山岩为主的地层，可与大兴安岭地层分区的孤山镇组相对比(黑龙江省地质矿产局，1993；曲关生，1997)，主要岩性有英安岩、流纹岩和流纹质凝灰岩等，成岩时代为 108～98 Ma(李永飞等，2013a，2013b；J. C. Zhang et al.，2010a)。

前人对该套早白垩世火山岩的成岩年龄做了大量的研究工作(Sun et al.，2013a；Zhai et al.，2015；S. Gao et al.，2017b；Wang et al.，2006；T. Wang et al.，2015b；X. H. Zhang et al.，2008b；J. H. Zhang et al.，2010b；Hao et al.，2016；刘瑞萍等，2015；R. Z. Gao et al.，2017b；Gao et al.，2018)，但其成岩时代仍然存在较大争议，时代划分并不统一。尤其对龙江组和光华组的时代划分一直存在较大争议，且时代划分较为混乱。主要原因：(1) 前人对龙江组和光华组的火山-次火山岩的成岩年龄做了大量的年代学测试，但成岩时代跨度较大，存在时代重叠的问题，如前文显示龙江组成岩时代在 125～117 Ma 之间，而光华组成岩时代在 125～101 Ma 之间，所以导致两者无法在成岩时代上进行区分；(2) 龙江组和光华组都为中酸性火山岩，尽管龙江组以中性为主，而光华组以酸性为主，但二者并无明显接触界限，从而导致一些岩石是单独存在的，其岩石组合是并不完整的，如一些地方出露的中酸性的英安岩、粗面岩以及同期的次火山岩体及浅成侵入体等出现归类分歧，其中一部分归入龙江组，另一部分归入光华组(S. Gao et al.，2016a；Sun et al.，2013a；Y. B. Wang et al.，2016a)；(3) 由于区域地层分区的原因，在大兴安岭、松嫩-小兴安岭以及张广才岭地区划分出的龙江组和光华组分别对应板子房组和宁远村组，这导致在地层对比划分和实际的区域地质调查研究过程中，对这套火山岩系的认识常存分歧，或出现将龙江组和光华组相互取代的现象，如东安金矿，区内地层被刘瑞萍等(2015)和常景娟等(2015)划分为光华组火山岩，而被韩世炯(2013b)划分为宁远村组；(4) 还有一些学者认为龙江组和光华组是基本相同的火山喷发旋回，将光华组归入龙江组上段，不再保留光华组(李永飞等，2013a，2013b；丁秋红等，2014)。

本次对永新金矿区光华组英安岩和龙江组安山岩开展了锆石 U-Pb 测年，结果显示，光华组火山岩年龄为(111.7±1.5)Ma，而龙江组火山岩年龄为(119.7±1.9)Ma。两者时代跨度近 8 Ma，虽然两者在实际观察中并没有明显的接触界限，但两者在岩性组合上区分较大。在永新金矿区中，光华组以英安岩-流纹岩-流纹质凝灰岩-流纹质凝灰质角砾岩组合为主，龙江组以安山岩-粗安山岩-玄武安山岩-安山质角砾岩组合为主。本次对小兴安岭地区已报道的与成矿有关的光华组和龙江组火山-次火山岩的单颗粒锆石年龄进行了系统的统计(如图 3-14)。从中可以看出，主要的单颗粒年龄集中在 90～130 Ma，这基本代表了小兴安岭地区早白垩世龙江组-光华组火山活动的活动区间。同时可以明显地看出，出现的两组峰值分别为 100～107 Ma(峰值 105 Ma)和 115～126 Ma(峰值 120 Ma)，两组峰值正好代表了两期火山活动的高峰期，从而推断光华期火山喷发的峰期在 105 Ma 左右，而龙江期火山喷发的峰期在 120 Ma 左右，两组之间具有明显的喷发间隔(107～115 Ma)。这也与本次取得的龙江组和光华组火山岩年龄基本吻合，确定了龙江组和光华组火山活动的时间间隔在 107～115 Ma 之间。同时，区域浅成低温热液型金矿的成矿年龄集中在两个区间(图 3-14)，即分别为 99～108 Ma 和 113～121 Ma,该成矿年龄与龙江组和光华组火山活动年龄完全吻合,从而不仅说明了两期火山岩均与区域浅成低温热液型金矿的形成有着密切联系。另外,从表 3-1 中可以看出,绝大多数的浅成低温热液型金矿的成矿年龄大部分位于 99～120 Ma,而永新金矿床的黄铁矿 Rb-Sr 成矿年龄为(107±4)Ma,因而可推测光华期火山活动与成矿关系更为密切,但也不排除龙江期火山活动对成矿的早期富集,这与普遍认为的浅成低温热液型金矿的矿化作用一般发生在火山活动晚期或火山喷发的间歇阶段的观点相一致(Mao et al.,2007;Kouzmanov et al.,2009;Richards,2011;Sun et al.,2013a;Zhai et al.,2015;Hao et al.,2016)。

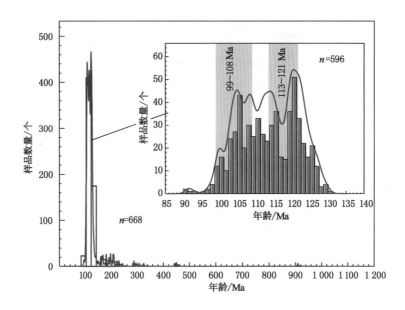

图 3-14　小兴安岭地区与成矿有关的火山-次火山岩的单颗粒锆石年龄概率统计图
(数据来源于表 3-1 及相关文献数据)

第 4 章　成岩成矿热动源与构造环境

矿床地质、年代学研究揭示,永新金矿床与矿区内出露大面积的中-酸性火山岩及其同期次火山岩脉(闪长玢岩和花岗斑岩)的形成与成矿时代基本一致,且具有一定的成因联系;为进一步揭示与成矿的成因关系,反演成矿热动源与构造环境,并为后续探讨矿床成因,建立成矿模式提供科学依据,本次对矿区内与成矿有成因联系的火山-次火山岩进行了岩石学、岩石地球化学和 Sr-Nd-Pb-Hf 同位素分析等方面的研究。

4.1　岩石特征

本次研究对选取的矿区内与成矿密切相关的光华组英安岩,以及龙江组的安山岩和次火山岩(花岗斑岩和闪长玢岩)进行了岩石学、岩石地球化学和 Sr-Nd-Pb-Hf 同位素等分析,具体岩石的特征及描述如下。

光华组英安岩:岩石整体呈灰褐色或灰绿色,斑状结构,块状构造。其中斑晶(体积分数约为 5%)主要由斜长石、角闪石和少量石英组成,粒度大小一般为 0.25～2.3 mm,零散分布,略呈方向性排列,部分呈聚斑、联斑状产出。基质(体积分数约为 95%)由斜长石、石英和角闪石[图 4-1(a),图 4-1(b)]及暗色矿物假象组成,粒径大小普遍小于 0.3 mm。岩石内可见不规则状气孔,零星分布,大小一般为 0.2～3.5 mm。岩石内可见铁质等充填的裂隙,此外含有少量副矿物如锆石、磷灰石等。

龙江组安山岩:岩石整体呈灰褐色,斑状结构,块状构造。其中斑晶(体积分数约为 5%)主要由斜长石[图 4-1(c),图 4-1(d)]和少量角闪石组成,粒度大小一般为 0.50～1.25 mm,个别可达 2.50 mm。基质(体积分数约为 95%)以斜长石为主,含少量角闪石,粒径约 0.10 mm,杂乱分布,有少量碱性长石和它形粒状石英充填于斜长石晶粒间。岩石中局部可见沿缝隙分布的铁氧化物,此外含有少量副矿物如锆石、磷灰石等。

花岗斑岩:岩石整体呈灰白至肉红色,斑状构造,块状构造。其中斑晶(体积分数约为 10%)主要由石英、斜长石和钾长石[图 4-1(e),图 4-1(f)]组成,粒度大小一般为 0.2～5 mm,杂乱分布。斜长石呈半自形板状,部分可见熔蚀现象。钾长石呈半自形板状,偶见卡斯巴双晶,有时可见熔蚀现象,粒内常嵌布少量斜长石、云母等。石英呈半自形-它形粒状,表面干净,多数熔蚀呈浑圆状、港湾状等,有时可见斑边文象结构。暗色矿物部分为白云母(呈鳞片状-叶片状),具褐铁矿化等现象。基质(体积分数约为 90%)由长英质及少量黑云母组成,粒度一般小于 0.15 mm,可见它形粒状、浑圆状石英作基底,内嵌布少量尘点状长石,从而构成霏细结构等。此外,花岗斑岩还含有少量副矿物如锆石、磷灰石等。

闪长玢岩:岩石整体呈青褐色,斑状结构,块状构造,其中斑晶(体积分数约为 5%)主要由斜长石[图 4-1(g),图 4-1(h)]和少量暗色矿物组成,斜长石呈半自形斑状,大小一般为

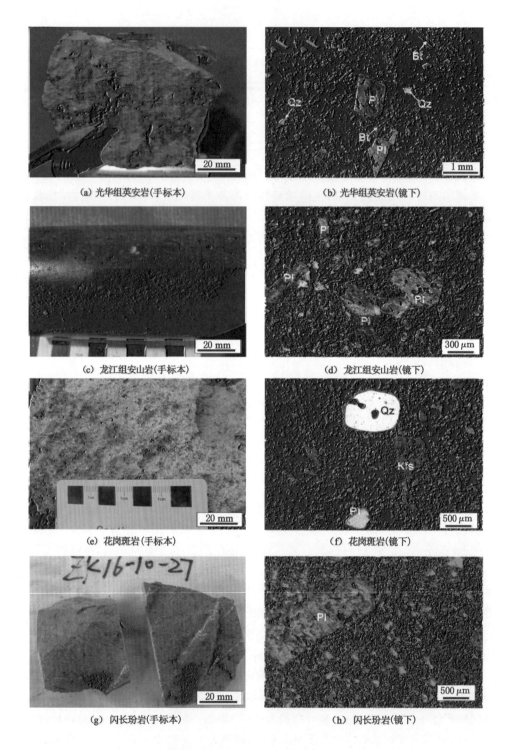

(a) 光华组英安岩(手标本)　　　　(b) 光华组英安岩(镜下)

(c) 龙江组安山岩(手标本)　　　　(d) 龙江组安山岩(镜下)

(e) 花岗斑岩(手标本)　　　　(f) 花岗斑岩(镜下)

(g) 闪长玢岩(手标本)　　　　(h) 闪长玢岩(镜下)

Bt—角闪石；Kfs—钾长石；Pl—斜长石；Qz—石英。

图 4-1　永新金矿床火山-次火山岩手标本及镜下显微照片

$0.25\sim1$ mm,呈星散分布。基质(体积分数约为 95%)主要由微细斜长石、石英和暗色矿物假象组成,粒径大小一般小于 0.2 mm。此外含有少量副矿物如锆石、磷灰石等。

4.2　岩石地球化学特征

4.2.1　主量元素

光华组英安岩:4 件英安岩样品的 $\omega(SiO_2)$ 为 67.5%~69.3%,平均 68.3%;$\omega(MgO)$ 为 0.8%~2.3%,平均 1.2%;$\omega(K_2O)$ 为 3.6%~3.9%,平均 3.7%;$Mg^{\#}$($Mg^{\#}$ 表示 Mg 的指数,由 Mg 的摩尔数除以 Mg 与二价 Fe 的摩尔数之和)为 26~44,平均 36;$\omega(Na_2O+K_2O)$ 为 6.08%~8.14%,平均 7.17%。在图 4-2(a)中,3 件样品投入英安岩,另外 1 件投入安山岩区域;在图 4-2(b)中,样品均投到钙碱性-高钾钙碱性岩石区域。

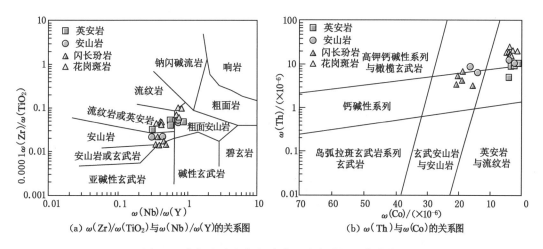

(a) $\omega(Zr)/\omega(TiO_2)$ 与 $\omega(Nb)/\omega(Y)$ 的关系图　　(b) $\omega(Th)$ 与 $\omega(Co)$ 的关系图

图 4-2　永新金矿床火山-次火山岩主微量元素成分图

龙江组安山岩:4 件英安岩样品的 $\omega(SiO_2)$ 为 59.0%~66.6%,平均 62.6%;$\omega(MgO)$ 为 1.1%~3.2%,平均 2.1%;$\omega(K_2O)$ 为 3.8%~4.6%,平均 4.1%;$Mg^{\#}$ 为 32~50,平均 43;$\omega(Na_2O+K_2O)$ 为 7.29%~8.48%,平均 7.90%。在图 4-2(a)中,2 件样品投入安山岩区域,另外 2 件投入粗面安山岩区域;在图 4-2(b)中,样品均投入钙碱性-高钾钙碱性岩石区域。

花岗斑岩:8 件花岗斑岩样品的 $\omega(SiO_2)$ 为 71.5%~76.9%,平均 74.5%;$\omega(MgO)$ 为 0.4%~0.7%,平均 0.6%;$\omega(K_2O)$ 为 3.6%~6.2%,平均 5.0%;$Mg^{\#}$ 为 36~49,平均 41;$\omega(Na_2O+K_2O)$ 为 3.66%~7.25%,平均 5.60%。在图 4-2(a)中,样品投入流纹岩-粗面安山岩区域;在图 4-2(b)中,所有样品投入高钾钙碱性岩石区域。

闪长玢岩:5 件闪长玢岩样品的 $\omega(SiO_2)$ 为 59.3%~62.1%,平均 60.7%;$\omega(MgO)$ 为 2.6%~3.3%,平均 3.0%;$\omega(K_2O)$ 为 2.9%~4.5%,平均 3.7%;$Mg^{\#}$ 为 46~52,平均 50;$\omega(Na_2O+K_2O)$ 为 5.71%~6.76%,平均 6.46%。在图 4-2(a)中,样品投入安山岩-玄武岩区域;在图 4-2(b)中,所有样品投入钙碱性-高钾钙碱性岩石区域。

4.2.2 稀土和微量元素

光华组英安岩:4 件英安岩样品的稀土元素(REE)总量($\sum$REE,包括轻稀土元素总量 $\sum$LREE 和重稀土元素总量 $\sum$HREE)为 $1.24 \times 10^{-4} \sim 1.55 \times 10^{-4}$,$\sum$LREE/$\sum$HREE = $6.09 \sim 10.52$,$[\omega(La)/\omega(Yb)]_N = 6.42 \sim 13.31$[注:$(*)_N$ 表示 $*$ 的标准化],δEu = $0.73 \sim 0.93$,在稀土元素球粒陨石标准化分配模式图上显示出了弱的轻稀土元素富集[La = $24 \sim 36$;$\omega(La)/\omega(Yb)$ = $9 \sim 18$]、重稀土元素亏损的右倾模式[图 4-3(a)]特征,同时显示弱的负 Eu 异常(平均 0.82)特征。在微量元素原始地幔标准化蛛网图[图 4-3(b)]中,样品的分布趋势大致相同,总体上富集轻稀土元素(LREE)和大离子亲石元素(LILE),如 Rb、U、Th、Ba 等,而亏损 Nb、Ti、P 等高场强元素(HFSE),同时显示相对富集 Zr、Hf 元素特点。

龙江组安山岩:4 件安山岩样品的稀土元素总量($\sum$REE)为 $1.46 \times 10^{-4} \sim 2.64 \times 10^{-4}$,$\sum$LREE/$\sum$HREE = $7.91 \sim 9.91$,$[\omega(La)/\omega(Yb)]_N = 8.14 \sim 11.94$,$\delta$Eu = $0.80 \sim 1.10$,在稀土元素球粒陨石标准化分配模式图上显示出了弱的轻稀土元素富集[La = $30 \sim 57$;$\omega(La)/\omega(Yb)$ = $11 \sim 17$]、而重稀土元素亏损的右倾模式[图 4-3(c)]特征,其中负 Eu 异常特征不明显(平均 0.94)。在微量元素原始地幔标准化蛛网图[图 4-3(d)]中,总体上富集轻稀土元素(LREE)和大离子亲石元素(LILE),如 Rb、U、Th、Ba 等,而亏损 Nb、Ti、P 等高场强元素(HFSE)。

花岗斑岩:8 件花岗斑岩样品的稀土元素总量($\sum$REE)为 $1.26 \times 10^{-4} \sim 2.05 \times 10^{-4}$,$\sum$LREE/$\sum$HREE = $10.69 \sim 20.53$,$[\omega(La)/\omega(Yb)]_N = 11.56 \sim 29.70$,$\delta$Eu = $0.47 \sim 0.69$,在稀土元素球粒陨石标准化分配模式图上显示出了中等的轻稀土元素富集[La = $28 \sim 53$;$\omega(La)/\omega(Yb)$ = $16 \sim 41$]、重稀土元素亏损的右倾模式[图 4-3(e)]特征,具有较强的负 Eu 异常(平均 0.58)特征。在微量元素原始地幔标准化蛛网图[图 4-3(f)]中,样品的分布趋势大致相同,总体上富集轻稀土元素(LREE)和大离子亲石元素(LILE),如 Rb、U、Th 等,而亏损 Nb、Ti、P 等高场强元素(HFSE),同时显示相对富集 Zr、Hf 元素、而强亏损 Ba、Sr 元素的特征。

闪长玢岩:5 件闪长玢岩样品的稀土元素总量($\sum$REE)为 $1.15 \times 10^{-4} \sim 1.41 \times 10^{-4}$,$\sum$LREE/$\sum$HREE = $7.69 \sim 9.04$,$[\omega(La)/\omega(Yb)]_N = 6.63 \sim 10.47$,$\delta$Eu = $0.91 \sim 1.03$,在稀土元素球粒陨石标准化分配模式图上显示出了弱的轻稀土元素富集[La = $20 \sim 28$;$\omega(La)/\omega(Yb)$ = $9 \sim 15$]、重稀土元素亏损的右倾模式[图 4-3(g)]特征,基本无负 Eu 异常(平均0.97)特征。在微量元素原始地幔标准化蛛网图[图 4-3(h)]中,总体上富集轻稀土元素(LREE)和大离子亲石元素(LILE),如 Rb、U、Th 等,而相对亏损 Ti、Nb 等高场强元素(HFSE)。

4.2.3 Sr-Nd-Pb 同位素特征

光华组英安岩:根据英安岩的测年结果(111.7 Ma)计算,三件英安岩样品的 $\omega(^{87}Rb)/\omega(^{86}Sr)$ 为 $0.5792 \sim 2.2457$,$[\omega(^{87}Sr)/\omega(^{86}Sr)]_i$ 为 $0.7049 \sim 0.7056$,$\varepsilon_{Nd}(t)$ 为 $1.22 \sim 2.52$,相应样品的 $[\omega(^{206}Pb)/\omega(^{204}Pb)]_i$ 为 $18.202 \sim 18.320$,$[\omega(^{207}Pb)/\omega(^{204}Pb)]_i$ 为 $15.626 \sim 15.546$,$[\omega(^{208}Pb)/\omega(^{204}Pb)]_i$ 为 $37.947 \sim 38.085$。

龙江组安山岩:根据安山岩的测年结果(119.7 Ma)计算,三件安山岩样品的 $\omega(^{87}Rb)/\omega(^{86}Sr)$ 为 $0.4118 \sim 0.7338$,$[\omega(^{87}Sr)/\omega(^{86}Sr)]_i$ 为 $0.7049 \sim 0.7051$,$\varepsilon_{Nd}(t)$ 为 $0.96 \sim 1.58$,

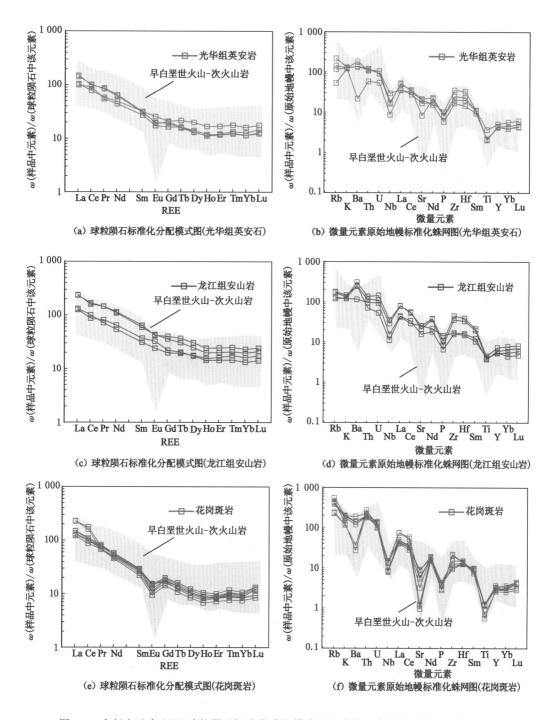

图 4-3　永新金矿床 REE 球粒陨石标准化分配模式图和微量元素原始地幔标准化蛛网图

[底图据 Sun 等(1989);阴影部分(早白垩世火山-次火山岩)据 Z. C. Zhang 等(2010a)、Sun 等(2013a)、

Wang 等(2014)、S. Gao 等(2017a)和 Y. B. Wang 等(2016a)]

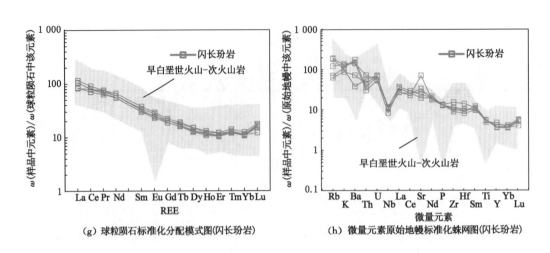

(g) 球粒陨石标准化分配模式图(闪长玢岩)　　(h) 微量元素原始地幔标准化蛛网图(闪长玢岩)

图 4-3(续)

相应样品的 $[\omega(^{206}Pb)/\omega(^{204}Pb)]_i$ 为 18.199～18.297,$[\omega(^{207}Pb)/\omega(^{204}Pb)]_i$ 为 15.485～15.545,$[\omega(^{208}Pb)/\omega(^{204}Pb)]_i$ 为 37.755～38.008。

花岗斑岩:根据英安岩的测年结果(119.1 Ma)计算,四件花岗斑岩样品的 $\omega(^{87}Rb)/\omega(^{86}Sr)$ 和 $[\omega(^{87}Sr)/\omega(^{86}Sr)]_i$ 变化范围较大,且比值较高,分别为 8.22～40.48 和 0.691 0～0.711 3,$\varepsilon_{Nd}(t)$ 为 0.78～1.21,相应样品的 $[\omega(^{206}Pb)/\omega(^{204}Pb)]_i$ 为 18.146～18.190,$[\omega(^{207}Pb)/\omega(^{204}Pb)]_i$ 为 15.535～15.541,$[\omega(^{208}Pb)/\omega(^{204}Pb)]_i$ 为 37.826～38.019。

闪长玢岩:根据闪长玢岩的测年结果(119.4 Ma)计算,五件闪长玢岩样品的 $\omega(^{87}Rb)/\omega(^{86}Sr)$ 和 $[\omega(^{87}Sr)/\omega(^{86}Sr)]_i$ 变化范围较大,分别为 0.712 6～6.937 0 和 0.694 8～0.703 5,$\varepsilon_{Nd}(t)$ 为 1.63～2.43,相应样品的 $[\omega(^{206}Pb)/\omega(^{204}Pb)]_i$ 为 18.038～18.258,$[\omega(^{207}Pb)/\omega(^{204}Pb)]_i$ 为 15.529～15.546,$[\omega(^{208}Pb)/\omega(^{204}Pb)]_i$ 为 37.910～38.222。

4.2.4　Lu-Hf 同位素特征

光华组英安岩(YX-004):整体 Hf 同位素组成较为一致,其 $\omega(^{176}Lu)/\omega(^{177}Hf)$ 的变化范围为 0.001 029～0.002 758,$\omega(^{176}Hf)/\omega(^{177}Hf)$ 的变化范围为 0.282 861～0.283 045,$\varepsilon_{Hf}(t)$ 为 5.4～12(n=16),T_{DM1} 介于 294～563 Ma 之间,T_{DM2} 介于 403～825 Ma 之间。

龙江组安山岩(YX-006):整体 Hf 同位素组成较为一致,其 $\omega(^{176}Lu)/\omega(^{177}Hf)$ 的变化范围为 0.000 676～0.002 319,$\omega(^{176}Hf)/\omega(^{177}Hf)$ 的变化范围为 0.282 858～0.283 086,$\varepsilon_{Hf}(t)$ 为 5.6～13.6(n=11),T_{DM1} 介于 240～558 Ma 之间,T_{DM2} 介于 307～822 Ma 之间。

花岗斑岩(170-7):整体 Hf 同位素组成较为一致,其 $\omega(^{176}Lu)/\omega(^{177}Hf)$ 的变化范围为 0.001 288～0.004 730,$\omega(^{176}Hf)/\omega(^{177}Hf)$ 的变化范围为 0.282 804～0.282 996,$\varepsilon_{Hf}(t)$ 范围为 3.6～10.2(n=15),T_{DM1} 介于 403～659 Ma 之间,T_{DM2} 介于 527～950 Ma 之间。

闪长玢岩(165-25):整体 Hf 同位素组成较为一致,其 $\omega(^{176}Lu)/\omega(^{177}Hf)$ 的变化范围为 0.000 679～0.002 965,$\omega(^{176}Hf)/\omega(^{177}Hf)$ 的变化范围为 0.282 806～0.282 986,$\varepsilon_{Hf}(t)$ 为 3.7～10.0(n=19),T_{DM1} 介于 382～638 Ma 之间,T_{DM2} 介于 534～940 Ma 之间。

4.3　岩石成因

4.3.1　分离结晶与地壳混染

永新金矿床早白垩世火山-次火山岩具有相似的稀土元素球粒陨石标准化分配曲线和微量元素原始地幔标准化蛛网(图 4-3),结合 Harker 图解(图 4-4)中各元素的相关性可以看出,永新金矿床早白垩世火山-次火山岩的 P_2O_5、FeO、TiO_2 以及 MgO 等主量元素含量伴随着 SiO_2 含量的升高而表现出明显的负相关性趋势,从而指示了在岩浆演化过程中发生了明显的结晶分异作用,这是磷灰石、钛铁氧化物等矿物发生了结晶分异作用所导致的。该特征与微量元素 P 和 Ti 的强烈亏损所反映的磷灰石、钛铁矿、角闪石、黑云母等含 P、Ti 矿物在岩浆演化过程中可能发生分离结晶作用的特征一致,同时 $\omega(Eu)/\omega(Eu^*)$、$\omega(Sr)$ 及 $\omega(Sr)/\omega(Y)$ 与 $\omega(SiO_2)$ 的负相关关系反映了岩浆演化过程中存在斜长石的分离结晶(图 4-4)。

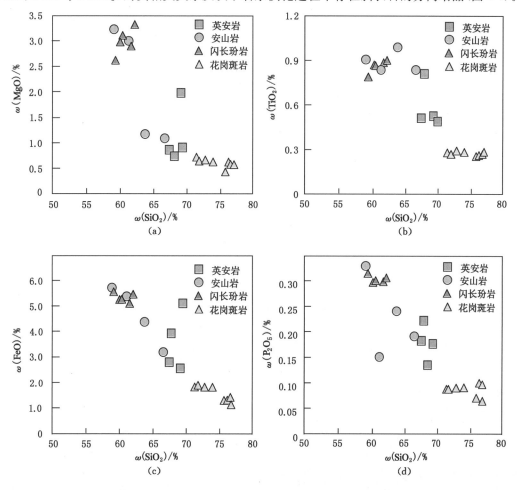

图 4-4　与成矿有成因联系的火山-次火山岩 Harker 图解

[结晶分异趋势引自 Richards 等(2007)和 Sun 等(2018b)]

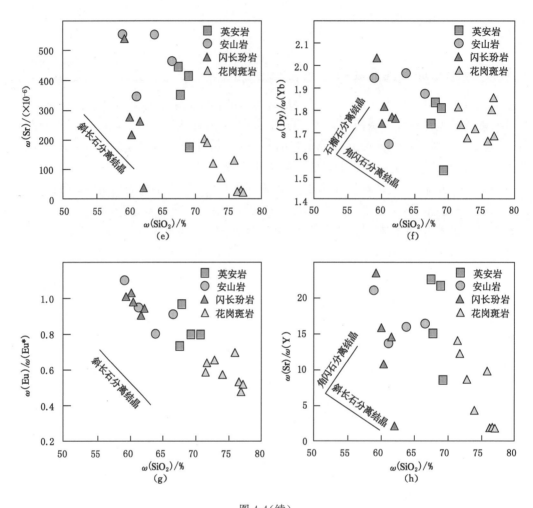

图 4-4（续）

除了花岗斑岩［$\omega(Rb)/\omega(Sr)=2.84\sim13.97$，$\omega(^{87}Rb)/\omega(^{86}Sr)=8.22\sim40.68$］，在永新金矿床早白垩世火山-次火山岩的 Sr、Nd 和 Pb 同位素组成上，前人对此类具有较高 $\omega(Rb)/\omega(Sr)$ 的样品进行了详细的分析和说明，认为此类型岩石的 $[\omega(^{87}Sr)/\omega(^{86}Sr)]_i$ 不具有岩石学意义（Wu et al.，2002；Sun et al.，2010）。其他样品在图 4-5 和图 4-6 中，样品分布较为集中，同位素组成较为一致，同时与成矿有关的火山-次火山岩的数据在图 4-5(a)中落入地幔演化线及偏离右侧区域，叠和在中国东北中生代花岗岩区域。由图 4-5(b)可以明显看出，数据点主要落在玄武岩和下地壳端元混合演化线上，更偏向于玄武岩端元，这说明了岩浆在上升过程中受到了一定程度地壳物质混染作用的影响（但并不明显，混染程度在 20%～25%）［图 4-5(b)］，在图 4-7(a)中同样显示出岩浆在上升演化过程中遭受到了一定程度地壳物质的混染作用。

4.3.2 岩浆源区性质

大量的研究揭示，长英质岩浆既可以由幔源玄武质岩浆的结晶分异作用形成（Grove et

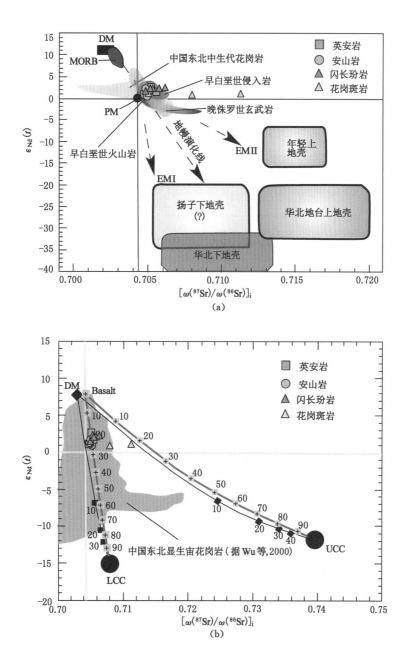

MORB—大洋中脊玄武岩;DM—亏损地幔;PM—原始或未分异地幔;EMⅠ—Ⅰ型富集地幔;EMⅡ—Ⅱ型富集地幔。

图 4-5　与成矿有成因联系的火山-次火山岩的 $[\omega(^{87}Sr)/\omega(^{86}Sr)]_i$ — $\varepsilon_{Nd}(t)$ 图解

[中国东北中生代花岗岩资料引自 Wu 等(2000);早白垩世侵入岩资料引自王永彬等(2012)和
Hu 等(2016);早白垩纪火山岩资料引自 J. H. Zhang 等(2008a,2010b)、Sun 等(2013a)、韩世炯(2013b)、
Hu 等(2015)、S. Gao 等(2017a)、Gu 等(2016)和王苏珊等(2017);底图据 Jahn 等(1999)]

al.,1986;Mcculloch et al.,1994;Hastie et al.,2007;Lu et al.,2015),也可以通过下地壳角闪岩相岩石部分熔融形成(Beard,1995;Smith et al.,2003;Wu et al.,2014;S. Wu et al.,2016a;Sun et al.,2018a,2018b)。以下证据表明,永新金矿床中的早白垩世长英质岩石可能

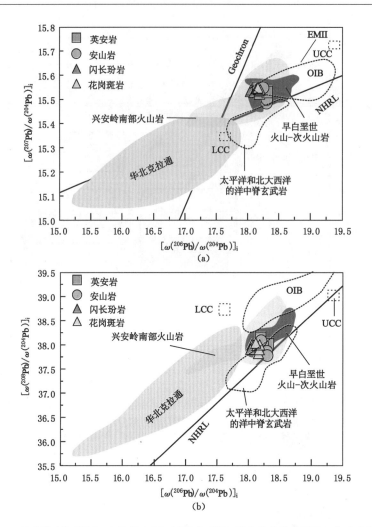

Geochron—地球等时线；UCC—上地壳；LCC—下地壳；OIB—洋岛玄武岩；NHRL—北半球参考线。

图 4-6　与成矿有成因联系的火山-次火山岩初始铅同位素图解

［兴安岭南部火山岩和华北克拉通数据来源于 Guo 等(2010)和 Zhang 等(2004)；UCC 和
LCC 资料来源于 Zartman 等(1988)；太平洋和北大西洋洋中脊玄武岩、OIB、NHRL 和
Geochron 资料来源于 Barry 等(1998)］

来自富含角闪岩相下地壳的部分熔融：

（1）在小兴安岭及永新地区已发现了大面积的长英质火山岩和少量的基性岩石，一般认为基性岩浆分异作用不会产出如此大规模的长英质岩石(Shinjo et al.，2000)，而通常认为规模较大的中酸性岩与地壳部分熔融有关(Bryan et al.，2002；Yamamoto，2007)。

（2）在 $\omega(La)/\omega(Sm)$-$\omega(La)$ 和 $\omega(Th)$-$\omega(Th)/\omega(Sm)$ 部分熔融和分离结晶作用轨迹判别图［图 4-7(b)，图 4-8］中，永新金矿床中的中酸性火山岩均表现出沿着部分熔融作用演化线展布的趋势，说明其主要是通过部分熔融作用形成的(Allègre et al.，1978)。

（3）永新金矿床中酸性火山岩具有凹向上的 MREE(中稀土元素)贫化模式(图 4-3)，它们均富集轻稀土元素和大离子亲石元素(如 Rb、K、Th、U 等)，而明显亏损高场强元素

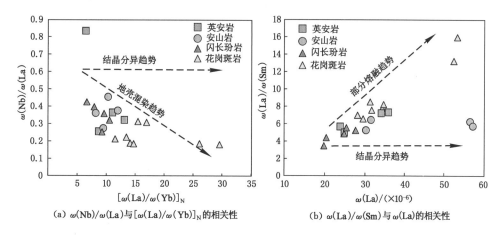

(a) $\omega(Nb)/\omega(La)$ 与 $[\omega(La)/\omega(Yb)]_N$ 的相关性　　(b) $\omega(La)/\omega(Sm)$ 与 $\omega(La)$ 的相关性

图 4-7　与成矿有成因联系的火山-次火山岩的微量元素关系
图解(据 Allègre 等,1978)

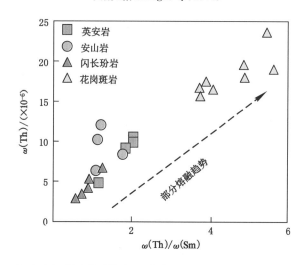

图 4-8　与成矿有成因联系的火山-次火山岩的 $\omega(Th)$ 和 $\omega(Th)/\omega(Sm)$ 的
关系图(据 Allègre 等,1978)

(如 Nb、Ta、P、Ti 等)和显示较弱的负 Eu 异常,这些特征与喀斯喀特山脉钙碱性花岗岩 (Tepper et al.,1993)和西藏南部拉萨地体的侏罗纪岛弧中酸性岩石的特征相似(Zhu et al.,2008),它们均被认为是富含角闪岩相下地壳部分熔融而形成。

(4) 中酸性火山岩总体具有较低的锶初始比值 $\{[\omega(^{87}Sr)/\omega(^{86}Sr)]_i = 0.691\,0 \sim 0.711\,3\}$ 和较高富集的钕值 $[\varepsilon_{Nd}(t) = 0.8 \sim 2.5]$。在图 4-5 中,样品均落到了地幔演化线附近,介于亏损地幔和 EM II 型富集地幔之间,更靠近地幔端元。同时,样品几乎均落入东北地区早白垩世火山岩和侵入岩范围内,这说明了岩浆源区具有弱亏损地幔的特征。另外,部分样品与晚侏罗世玄武岩范围重叠,晚侏罗世玄武岩代表了该区域最新的幔源物质(Liu et al.,2005)。晚侏罗世玄武岩可能是形成该区域这套岩石的潜在矿源层。

(5) 在图 4-6 中,永新金矿床早白垩世火山-次火山岩样品的初始铅同位素比值略高于太平洋和北大西洋的 MORB(洋中脊玄武岩)的,且部分重叠,这暗示该矿床可能由太平洋和北大西洋的 MORB 提供原始铅组分(Barry et al.,1998;Zou et al.,2000;Shu et al.,2015)。

(6) 早白垩世火山-次火山岩锆石的 $\varepsilon_{Hf}(t)$ 范围为 +3.6~+13.6,几乎全部落入球粒陨石演化线与亏损地幔线之间(图 4-9),并且均落入兴蒙造山带东端区域[图 4-9(a)](Yang et al.,2016),从而体现了这些岩石具有相似的新生下地壳来源(Wu et al.,2000;Guo et al.,2010)。

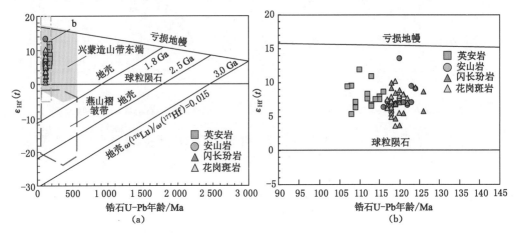

图 4-9　与成矿有成因联系的火山-次火山岩的 $\varepsilon_{Hf}(t)$-锆石(U-Pb)年龄图解

综合以上分析认为,永新金矿床早白垩世火山-次火山岩具有相似的新生下地壳来源,即可能源于新生的下地壳的部分熔融。这种镁铁质下地壳可能是早期古陆壳的熔融作用的产物,结合其亏损地幔 Nd 二阶模式年龄(T_{DM2}=702~851 Ma),从而推测这种年轻的镁铁质下地壳主要形成于新元古代早期。

4.4　岩石形成的构造环境

永新金矿床早白垩世光华组中的火成岩的 SiO_2 含量和总碱含量与东安金矿(常景娟等,2015;Liu et al.,2015)和团结沟金矿(Sun et al.,2013a)火山岩的含量相似,龙江组的则与三道湾子金矿火山岩的较为相似(Y. B. Wang et al.,2016a;S. Gao et al.,2017a)。这些岩石在微量元素原始地幔标准化蛛网图中显示较为明显的 Nb、Ta 和 Ti 等高场强元素亏损特征(图 4-3)。一般情况下,这种现象是以下几个原因导致的:(1) 岩浆源区在部分熔融过程中,一些高场强元素富集的矿物(如钛铁矿和金红石等)被残留到熔体中,从而导致出现 Nb、Ta 和 Ti 等元素亏损现象;(2) 岩浆在上升侵位过程中明显受到地壳混染作用的影响;(3) 存在与俯冲有关的交代变质作用(Z. C. Zhang et al.,2010a)。如果源区在部分熔融过程中残留金红石,那么源区地幔储库的母熔体也应该具有明显的 Zr、Hf 和 Ti 元素亏损特征。然而这些岩石在微量元素原始地幔标准化蛛网图(图 4-3)中,并没有出现 Zr 和 Hf 元素的亏损,相反出现了明显的富集,所以首先排除了有高场强元素富集的矿物在熔融过程中残留下来的解释。前文已经阐述,永新金矿床的岩浆在上升过程中地壳物质的混染作用并不明显,混染程度较低。因此,永新金矿床中与成矿密切相关的早白垩世火山-次火山岩出现明显的 Nb、Ta 和 Ti 元素亏损,最好的解释就是该火山-次火山岩由与俯冲有关的流体交代变质作用所引起。在图 4-10 中,永新金矿床中与成矿关系密切的火山-次火山岩样品基本均落入岩浆弧花岗岩区,并叠和在早白垩世火山岩-次火山岩范围内,这说明样品均形成于岩浆弧环境。

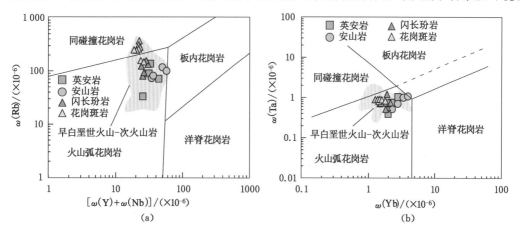

图 4-10　与成矿有成因联系的火山-次火山岩的微量元素构造判别图

[底图据 Pearce 等(1984);早白垩世火山-次火山岩数据引自 Z. C. Zhang 等(2010a)、
Sun 等(2013a)、王佳琳等(2014)、S. Gao 等(2017a)和王苏珊等(2017)]

一般情况下,与俯冲有关的交代变质作用既可以受俯冲板片流体作用影响,也可以受远洋沉积物熔体的交代作用影响。其中,受俯冲板片流体作用影响的组分应具有较高的 $\omega(Ba)$、$\omega(Pb)$、$\omega(Ba)/\omega(La)$ 和 $\omega(Ba)/\omega(Th)$,而受远洋沉积物熔体交代作用影响的组分应该具有较高的 Th 含量和高的 $\omega(Th)/\omega(Yb)$ 和 $\omega(Nb)/\omega(Y)$(Hawkesworth et al.,1997;Kelemen et al.,2007;Sun et al.,2018a,2018b)。因此,通过岩石 $\omega(Th)/\omega(Yb)$-$\omega(Ta)/\omega(Yb)$、$\omega(Ba)/\omega(Th)$-$\omega(La)/\omega(Sm)$、$\omega(Ba)$-$\omega(Nb)/\omega(Y)$ 和 $\omega(Ba)/\omega(Yb)$-$\omega(Th)/\omega(Yb)$ 等判别图解,可以很好地区分岩浆源区受何种交代变质作用(图 4-11)。结果显示,永新金矿床与成矿关系密切的火山-次火山岩,主要形成于活动大陆边缘环境,受俯冲板片流体交代作用的影响。

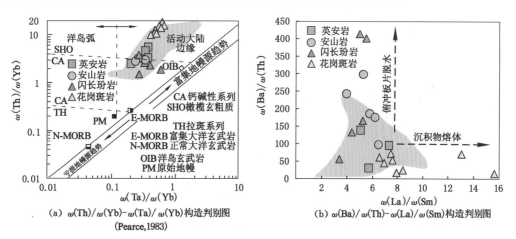

图 4-11　与成矿有成因联系的火山-次火山岩的 $\omega(Th)/\omega(Yb)$-$\omega(Ta)/\omega(Yb)$、
$\omega(Ba)/\omega(Th)$-$\omega(La)/\omega(Sm)$、$\omega(Ba)$-$\omega(Nb)/\omega(Y)$ 和 $\omega(Ba)/\omega(Yb)$-$\omega(Th)/\omega(Yb)$ 构造判别图

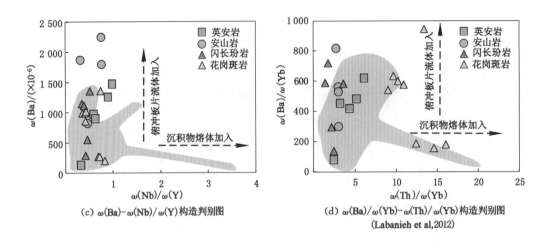

(c) $\omega(Ba)-\omega(Nb)/\omega(Y)$ 构造判别图

(d) $\omega(Ba)/\omega(Yb)-\omega(Th)/\omega(Yb)$ 构造判别图
(Labanieh et al,2012)

图 4-11(续)

综上所述,永新金矿床与成矿密切相关的早白垩世火山-次火山岩形成于活动大陆边缘的岩浆弧环境。岩浆源区的形成过程可能是:首先,在早白垩世的古太平洋板块俯冲背景下,由俯冲板片脱水释放的流体交代上覆地幔楔部分熔融形成深成岩浆;其次,随着板块的持续俯冲,加厚的岩石圈发生的拆沉、伸展、折返和减薄等作用可造成深部岩浆上升侵位,从而在壳幔边界处形成新生下地壳;最后,新生下地壳与持续底侵的深成幔源岩浆混合而部分熔融形成源区岩浆。岩浆在演化过程中经历了不同程度的结晶分异作用,并在演化过程中受到较弱的地壳混染作用影响。

第 5 章　矿床成因及成矿模式

永新金矿床是最近几年在小兴安岭西北部嫩江-黑河构造混杂岩带新发现的大型金矿床,近几年在该成矿带上又相继发现了三合屯、科洛河、孟德河等金矿床及矿点(林超等,2015;刘宝山,2015;刘宝山等,2017)。一些学者认为它们都是与北东向展布的糜棱岩带有关的韧性剪切带型金矿;但也有学者认为它们同与小兴安岭呈北西向展布的众多形成在早白垩世的浅成低温热液型金矿床(如三道湾子、东安、团结沟等)的成因一致(曲晖等,2014;李成禄等,2017b;袁茂文等,2017)。但他们都由于研究手段单一(对其矿床成因的判断大都仅依靠简单的野外地质观察),而缺少详细的矿床地质、成岩成矿年代学和地球化学等方面的系统研究,这导致矿床成因及矿床类型存在较大的争议与疑惑,至今尚未有明确定论,从而严重制约下一步的找矿勘查和深部预测。矿床成因类型决定着矿区未来找矿标志的建立以及下一步找矿方向的确定,尤其是对于深部预测,矿床成因类型直接决定深部预测的成矿有利因子的选取,成矿有利因子提取的对错,直接决定深部预测的准确性和实效性。因此,本次研究中为了准确确定永新金矿床的成因类型,在系统分析矿床地质特征、成矿地质条件、成岩成矿时代等的基础上,对永新金矿床开展了稳定同位素(S、Pb、H 和 O)分析、流体包裹体分析、载金黄铁矿的 REE 测定及其与围岩的对比分析,以确定成矿物质来源、成矿流体性质以及矿床成因类型,建立成岩成矿动力学背景及成矿模式,从而提出成矿特征及找矿标志,最终建立永新金矿床的"三位一体"综合找矿预测模型,为研究区下一步开展深部成矿预测提供理论基础。

5.1　成矿物质与成矿流体特征

5.1.1　硫同位素特征

永新金矿床的硫同位素分析包括了 3 个第 Ⅱ 成矿阶段和 10 个第 Ⅲ 成矿阶段样品,其中第 Ⅱ 成矿阶段黄铁矿 $\delta^{34}S$ 的变化范围为 2.3‰~4.5‰,极差为 1.7‰,平均值为 3.5‰;第 Ⅲ 成矿阶段黄铁矿 $\delta^{34}S$ 的变化范围为 3.3‰~5.1‰,极差为 1.8‰,平均值为 4.3‰,相对第 Ⅱ 成矿阶段黄铁矿 $\delta^{34}S$ 的稍微偏高。总体上永新金矿床的黄铁矿 $\delta^{34}S$ 的变化范围为 2.3‰~5.1‰,极差为 2.8‰,平均值为 4.1‰,总体处在一个较窄的变化区间,极差值小,同时显示富集重硫的特征。

5.1.2　铅同位素特征

永新金矿床的铅同位素分析包括了 1 个第 Ⅱ 成矿阶段和 9 个第 Ⅲ 成矿阶段样品,其中第 Ⅱ 成矿阶段的黄铁矿铅同位素比值,分别为 $\omega(^{206}Pb)/\omega(^{204}Pb)=18.255,\omega(^{207}Pb)/$

$\omega(^{204}\text{Pb})=15.520$ 和 $\omega(^{208}\text{Pb})/\omega(^{204}\text{Pb})=37.962$。第三阶段黄铁矿铅同位素比值分别为：$\omega(^{206}\text{Pb})/\omega(^{204}\text{Pb})$ 为 $18.126\sim18.235$，平均值为 18.160；$\omega(^{207}\text{Pb})/\omega(^{204}\text{Pb})$ 为 $15.492\sim15.537$，平均值为 15.515；$\omega(^{208}\text{Pb})/\omega(^{204}\text{Pb})$ 为 $37.880\sim38.019$，平均值为 37.962。总体上，永新金矿床的黄铁矿铅同位素比值变化范围为：$\omega(^{206}\text{Pb})/\omega(^{204}\text{Pb})$ 为 $18.126\sim18.255$，平均值为 18.167；$\omega(^{207}\text{Pb})/\omega(^{204}\text{Pb})$ 为 $15.492\sim15.537$，平均值为 15.515；$\omega(^{208}\text{Pb})/\omega(^{204}\text{Pb})$ 为 $37.880\sim38.019$，平均值为 37.962。$\omega(^{238}\text{U})/\omega(^{204}\text{Pb})$ 为 $9.28\sim9.37$，平均值为 9.32；$\omega(\text{Th})/\omega(\text{U})$ 为 $3.58\sim3.68$，平均值为 3.64。

5.1.3　流体包裹体特征

1. 流体包裹体类型特征

流体包裹体岩相学研究结果表明，永新金矿床样品中的流体包裹体（图 5-1）比较发育，但是包裹体个体很小，大小为 $2\sim15~\mu\text{m}$，其中以 $3\sim6~\mu\text{m}$ 为主。流体包裹体在室温下的主要类型为气液两相包裹体（L+V），偶见纯液相包裹体（L）或纯气相包裹体（V），其中气液两相包裹体发育于各成矿阶段，占总数的 95% 左右，形态多为椭圆形、不规则形以及负晶形等。包裹体成群或孤立分布，气液相体积比为 $10\%\sim30\%$。流体包裹体在常温下以气液两相存在，加热时均一到液相。

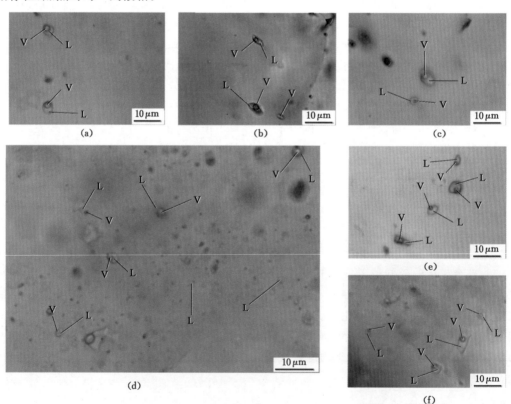

L+V—气液两相包裹体；L—纯液相包裹体；V—纯气相包裹体。

图 5-1　永新金矿床样品中流体包裹体的显微照片

2. 流体包裹体测温,压力和深度估算

无矿石英-钾长石成矿阶段(Ⅰ)的均一温度在 287~312 ℃之间[图 5-2(a)],平均值为305 ℃,平均盐度范围为 3.2%~8.9%[图 5-2(b)],平均值为 7.5%,密度、静水压力和深度范围分别为 0.74~0.82 g/cm³(平均为 0.78 g/cm³)、21.6~30.6 MPa(平均为 28.5 MPa)和 0.80~1.13 km(平均为 1.06 km)。

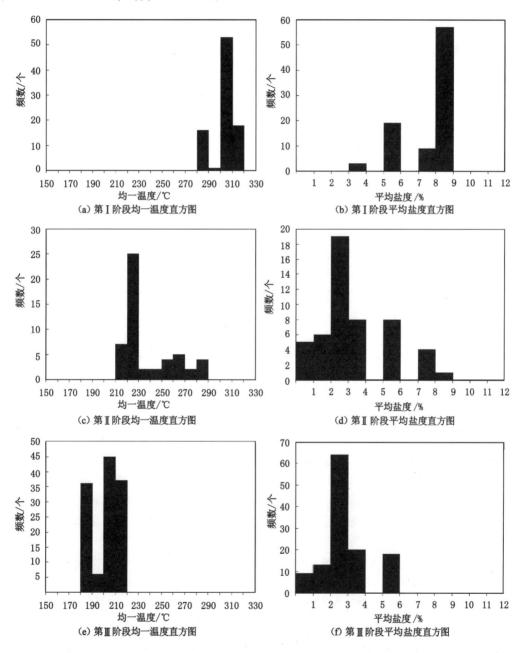

图 5-2　永新金矿床流体包裹体均一温度、平均盐度直方图

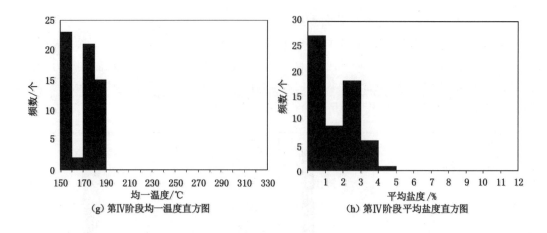

图 5-2(续)

灰色石英-黄铁矿成矿阶段(Ⅱ)的均一温度在 215～286 ℃之间[图 5-2(c)],平均值为 237 ℃,平均盐度范围为 0.9％～8.3％[图 5-2(d)],平均值为 3.4％,密度、静水压力和深度范围分别为 0.77～0.89 g/cm³(平均为 0.84 g/cm³)、13.6～26.7 MPa(平均为 18.1 MPa)和 0.50～0.99 km(平均为 0.67 km)。

灰黑色石英-多金属硫化物成矿阶段(Ⅲ)的均一温度在 185～215 ℃之间[图 5-2(e)],平均值为 202 ℃,平均盐度范围为 0.2％～5.5％[图 5-2(f)],平均值为 2.90％,密度、静水压力和深度范围分别为 0.86～0.90 g/cm³(平均为 0.89 g/cm³)、11.1～18.1 MPa(平均为 14.9 MPa)和 0.41～0.67 km(平均为 0.55 km)。

呈绸带状的石英-方解石细脉成矿阶段(Ⅳ)的均一温度为 120～183 ℃[图 5-2(g)],平均值为 162 ℃,平均盐度范围为 0.2％～4.0％[图 5-2(h)],平均值为 1.70％,密度、静水压力和深度范围分别为 0.89～0.97 g/cm³(平均为 0.92 g/cm³)、8.8～14.2 MPa(平均为 10.9 MPa)和 0.33～0.53 km(平均为 0.40 km)。

结果显示,从成矿早期到晚期,其平均成矿温度由 305 ℃→237 ℃→202 ℃→162 ℃逐渐降低;平均盐度由 7.5％→3.4％→2.90％→1.70％逐渐减低;流体密度由 0.78 g/cm³→0.84 g/cm³→0.89 g/cm³→0.92 g/cm³ 微弱增高,但整体均较低,属于低密度热液流体;依据绍洁涟(1988)的公式计算的静水压力由 28.5 MPa→18.1 MPa→14.9 MPa→10.9 MPa 逐渐降低,相对应的成矿深度由 1.06 km→0.67 km→0.55 km→0.40 km 逐渐变浅。依据 Driesner 等(2007)获得的各阶段压力均小于 11 MPa,与公式计算的压力基本吻合,显示在成矿早阶段至晚阶段成矿压力逐渐呈变小的趋势[图 5-3(b)]。这总体显示成矿热液在向上运移过程中,压力逐渐变小,且成矿深度小于 1.06 km,从而表明矿床形成于浅成环境。从均一温度-平均盐度直方图[图 5-3(a)]中可以看出,随着成矿作用的进行,永新金矿床的成矿流体温度逐渐降低,盐度也逐渐降低,且平均盐度总体小于 10％,即该矿床的成矿流体属于低盐度流体。

3. 流体包裹体成分分析

对永新金矿床成矿阶段矿物中的包裹体进行了激光拉曼光谱分析(图 5-4),结果显示,主成矿阶段(Ⅲ)气液两相流体包裹体的气相成分以 H_2O 为主,见少量的 CO_2 存在,但 CO_2

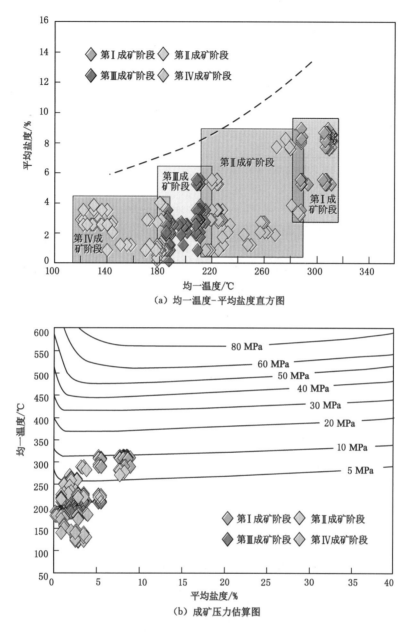

图 5-3　永新金矿床流体包裹体的均一温度-平均盐度直方图和
成矿压力估算图(据 Driesner 等,2007)

特征峰值较弱,基本不含有 CH_4 和 H_2,应将永新金矿流体归为 $NaCl$-H_2O 体系进行计算和讨论。

5.1.4　氢和氧同位素分析

永新金矿床的氢-氧同位素包括了 6 个第Ⅱ成矿阶段、12 个第Ⅲ成矿阶段和 1 个第Ⅳ成矿阶段的样品,其中 6 件第Ⅱ成矿阶段硫化物脉中石英矿物的 $\delta^{18}D_{H_2O}$ 值变化范围为 $-121.9‰\sim$

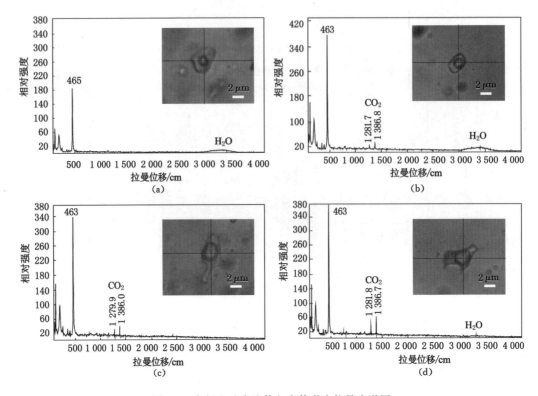

图 5-4　永新金矿床流体包裹体激光拉曼光谱图

$-112.5‰$,极值为$-9.4‰$,平均值为$-117.0‰$,$δ^{18}O$介于$6.2‰$～$8.3‰$之间,极值为$2.1‰$,平均值为$7.4‰$;12个第Ⅲ成矿阶段硫化物脉中石英矿物的$δ^{18}D_{H_2O}$值变化范围为$-124.8‰$～$-102.1‰$,极值为$-22.7‰$,平均值为$-116.5‰$,$δ^{18}O$介于$5.0‰$～$8.4‰$之间,极值为$3.4‰$,平均值为$7.9‰$;1件第Ⅳ成矿阶段硫化物脉中石英矿物的$δ^{18}D_{H_2O}$值为$-110.2‰$,$δ^{18}O$值为$6.3‰$。根据$1\ 000\ \ln a_{(石英-水)}=3.38×10^6\ T^{-2}-3.4$(Clayton et al.,1972)和相应的石英中流体包裹体测定的均一温度,将石英中的氧同位素换算为交换平衡的成矿流体中的氧同位素。

第Ⅱ成矿阶段石英平衡热液流体中水的$δ^{18}O_{H_2O}$值变化范围为$-7.0‰$～$1.8‰$,平均值为$-2.4‰$;第Ⅲ成矿阶段石英平衡热液流体中水的$δ^{18}O_{H_2O}$值变化范围为$-9.6‰$～$1.7‰$,平均值为$-3.7‰$;第Ⅳ成矿阶段石英平衡热液流体中水的$δ^{18}O_{H_2O}$值为$-12.5‰$～$-4.4‰$,平均值为$-8.4‰$。

5.1.5　载金黄铁矿微量元素及赋矿围岩稀土分析

8件载金黄铁矿样品的稀土元素总量($\sum REE$)为$1.73×10^{-5}$～$2.56×10^{-5}$,具有轻稀土富集的特点(后文将详细叙述),轻稀土元素总量($\sum LREE$)为$1.60×10^{-5}$～$2.41×10^{-5}$,重稀土元素总量($\sum HREE$)为$9.2×10^{-7}$～$1.51×10^{-6}$,其中$\sum LREE/\sum HREE=11.86$～$19.75$,分馏系数$[ω(La)/ω(Yb)]_N=11.71$～$40.06$,轻稀土分馏特征明显,具有弱负$δEu$异常($0.61$～$0.80$)特征。

8件载金黄铁矿样品的微量元素分析结果及微量元素蛛网图(图5-5),显示了相对富含亲铜元素(如 Cu,Zn,Mo,W 和 Pb)和亲铁元素(如 Co 和 Ni),但亏损高场强元素(如 Zr 和 Nb)的特征。

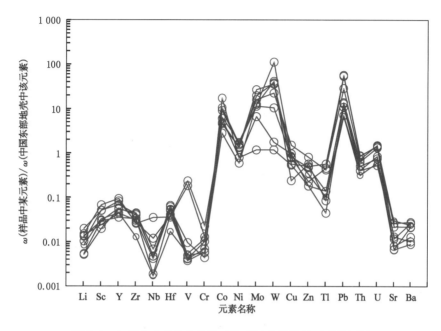

图 5-5　永新金矿床载金黄铁矿陆壳标准化微量元素蛛网图

[标准值参考高山等(1999)]

花岗质糜棱岩稀土元素球粒陨石标准化配分图和其他赋矿围岩区别较大,图中曲线较为平坦(后文将详述),稀土元素总量($\sum$REE)为 $3.36\times10^{-5}\sim1.17\times10^{-4}$,其中轻稀土素总量($\sum$LREE)为 $2.52\times10^{-5}\sim9.67\times10^{-5}$,重稀土元素总量($\sum$HREE)为 $6.18\times10^{-6}\sim2.01\times10^{-5}$,$\sum$LREE/$\sum$HREE$=2.97\sim12.26$,分馏系数$[\omega(La)/\omega(Yb)]_N=2.20\sim12.53$(平均为 5.30),分馏系数较低,这整体反映了花岗质糜棱岩轻、重稀土分馏差别不大的特征,同时也表现较为明显的负 δEu(范围为 $0.45\sim0.78$,平均为 0.56)异常的特征。

正长花岗岩的稀土元素最为富集,其稀土元素总量($\sum$REE)为 $2.03\times10^{-4}\sim2.24\times10^{-4}$,同时呈现较平缓的轻稀土富集、重稀土亏损的"右倾"式稀土配分模式,轻稀土元素总量($\sum$LREE)为 $1.79\times10^{-4}\sim2.01\times10^{-4}$,而重稀土元素总量($\sum$HREE)为 $2.26\times10^{-5}\sim2.66\times10^{-5}$,分馏系数$[\omega(La)/\omega(Yb)]_N=6.96\sim9.98$(平均为 7.87),正长花岗岩稀土元素特征明显区别于矿区其他赋矿围岩之处,就是具有较强的负 δEu 异常(范围为 $0.41\sim0.45$,平均为 0.43)特征。

5.2　成矿物质来源

5.2.1　硫同位素特征

硫化物矿物的稳定同位素组成在制约热液流体及物质的来源上是一个非常有效的依据。其中,硫同位素分馏对于探讨成矿物质来源以及成矿作用过程都具有非常重要的意义

(Hao et al.,2016；Zhai et al.,2015；Y. B. Wang et al.,2016a；Sun et al.,2017a,2017b,2018a),硫同位素可以示踪金属矿床中矿化剂的来源,同时在成矿物质沉淀和富集过程中起关键性的作用(Rollinson,1993)。热液系统中的硫同位素组成主要取决于流体的物理化学条件,主要包括温度、pH、氧逸度和离子活性性(Sakai,1968；Ohmoto et al.,1979；Hoefs,1997；Goldfarb et al.,2005；Shu et al.,2013)。然而,Ohmoto 等(1979)对热液系统中的硫化物进行研究发现,在氧逸度较低的还原环境下,热液中的硫化物主要以 S^{2-} 和 HS^- 两种形式存在,此时沉淀的热液硫化物(以黄铁矿为主)$\delta^{34}S$ 与流体的 $\delta^{34}S_{\sum}$（总硫同位素值）接近,这时的 $\delta^{34}S_{硫化物} \approx \delta^{34}S_{\sum s}$；而在较高氧逸度条件下,$H_2S$ 转化为 SO_2 时发生硫酸盐沉淀使得流体中亏损 ^{34}S,从而导致硫化物中:$\delta^{34}S_{硫化物} < \delta^{34}S_{\sum s}$。成矿流体中的硫有三个主要来源,不同来源具有不同的 $\delta^{34}S$:① 幔源或岩浆来源(0±3‰)(Chaussidon et al.,1990);② 海洋/海水来源(约 20‰)(Holser et al.,1966；Claypool et al.,1980);③ 沉积岩中的还原硫(小于 0)(Rollinson,1993)。

在永新金矿床中,矿区主要发育硅化、绢云母化、黄铁矿化、绿泥石化等低温热液蚀变矿物,主要的硫化物矿物是黄铁矿,含有少量的方铅矿和闪锌矿,并没有见到硫酸盐矿物,这显示了一个相对简单的矿物共生组成,因而成矿阶段形成的黄铁矿的 $\delta^{34}S$ 与整个成矿流体相近,可以近似代表热液流体的总硫同位素组成(Kelly et al.,1979)。永新金矿床中黄铁矿 $\delta^{34}S$ 范围(2.3‰～5.1‰)较窄,平均值为 4.1‰,极差为 2.8‰(图 5-6),这与典型的岩浆热液矿床相似(Ohmoto,1972；Chaussidon et al.,1990；Sakthi saravanan et al.,2009；Peng et al.,2016；Chen et al.,2017),具有深源岩浆硫的特点。

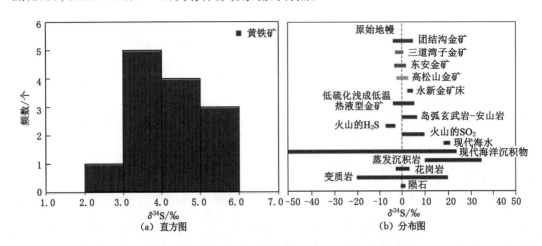

图 5-6　永新金矿床 S 同位素组成直方图和分布图

[(b)中,三道湾子金矿数据引自 Zhai 等(2015),东安金矿数据引自薛明轩(2012),
高松山金矿数据引自 Hao 等(2016),团结沟金矿数据引自 Y. B. Wang 等(2016a),
低硫化浅成低温热液型金矿数据引自 Field 等(1985),其他数据引自 Hoefs(1997)]

5.2.2　铅同位素特征

铅同位素组成基本不受外界环境的影响,在矿质沉淀和运移过程中基本不发生分馏作用,与任何外界环境如物理、化学条件的变化无关,只有 U、Th 发生放射性衰变才能引起铅同位素组成的变化,因而铅同位素组成是示踪成矿物质来源最有效、最直接的一种方法 (Chiaradia et al.,2004;Tosdal et al.,1999;Macfarlane et al.,1990;Shu et al.,2013;Sun et al.,2018a,2018b)。永新金矿床铅同位素组成比较稳定,比值均一,变化范围较小。铅同位素元素特征值中 μ[μ 指 $\omega(^{238}U)/\omega(^{204}Pb)$]的变化能提供地质体经历地质作用的信息,从而反映铅的来源(Doe et al.,1974;Stacey et al.,1975;Zartman et al.,1981;吴开兴等,2002)。其中,高 μ 值(大于 9.58)的铅通常被认为来自 U、Th 相对富集的上部地壳物质,而低 μ 值(小于 9.58)的铅则反应矿床的成矿物质主要来源于下地壳或上地幔。

永新金矿床的黄铁矿铅同位素 μ 值的变化范围为 9.28~9.37,平均值为 9.32(小于 9.58),这反应铅源具有下地壳或上地幔的特征。从样品铅同位素构造模式图(图 5-7)中可以看出,数据较为集中(介于造山带与地幔之间),这显示了成矿物质主要来自地幔,并受到造山作用的影响。同时,永新金矿床的矿石铅同位素构造模式与矿区出露的火山-次火山岩样品的范围基本一致,从而暗示永新金矿床的成矿物质主要来源于矿区赋矿火山-次火山岩。

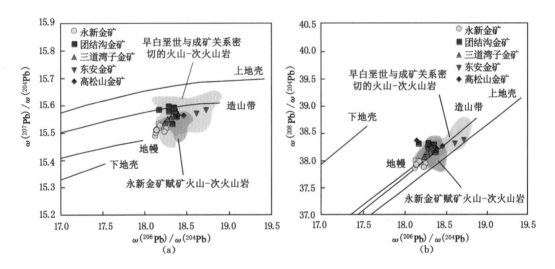

图 5-7　样品 Pb 同位素构造模式图

[底图据 Zartman 等(1981)。其中三道湾子金矿数据引自翟德高(2014),东安金矿数据引自薛明轩(2012),高松山金矿数据引自 Hao 等(2016),团结沟金矿数据引自 Y. B. Wang 等(2016a),早白垩世与成矿关系密切的火山-次火山岩的数据引自 Field 等(1985)]

朱炳泉(1998)的研究表明,通过 $\Delta\gamma$-$\Delta\beta$ 成因图解,能够有效消除时间的影响,可以示踪铅的构造背景和源区性质。因此,可以利用铅同位素 $\Delta\gamma$-$\Delta\beta$ 判别图解对成矿物质来源进行示踪。其中,$\Delta\beta$ 和 $\Delta\gamma$ 的值利用的公式分别为:

$$\Delta\beta = (\beta - \beta_M) \times 1\,000/\beta_M \tag{5-1}$$

$$\Delta\gamma = (\gamma - \gamma_M) \times 1\,000/\gamma_M \tag{5-2}$$

式中　β——样品 $\omega(^{207}Pb)/\omega(^{204}Pb)$ 值;

　　　β_M——地幔 $\omega(^{207}Pb)/\omega(^{204}Pb)$ 值;

　　　γ——样品 $\omega(^{208}Pb)/\omega(^{204}Pb)$ 值;

　　　γ_M——地幔 $\omega(^{208}Pb)/\omega(^{204}Pb)$ 值。

按照 106.7 Ma 永新金矿的成矿年龄（载金黄铁矿的 Rb-Sr 年龄）去计算 $\Delta\gamma$ 和 $\Delta\beta$ 值，永新金矿床黄铁矿铅同位素投于 $\Delta\gamma$-$\Delta\beta$ 判别图解（图 5-8）上，样品分布较为集中，基本数据主要落入地幔源铅区，并且靠近地幔源铅、上地壳铅与地幔混合俯冲带铅（以岩浆作用为主）、造山带铅三者接触带附近，总体显示地幔源铅的特点。

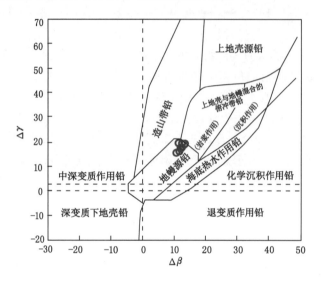

图 5-8　永新金矿床黄铁矿铅同位素 $\Delta\gamma$-$\Delta\beta$ 判别图解（底图据朱炳泉，1998）

5.2.3　稀土、微量元素特征

稀土元素属于不活跃元素，在热液体系中稀土元素地球化学可以十分有效地示踪成矿物质及成矿流体来源，示踪成矿热液系统演化，并对制约围岩蚀变和成矿条件，评价矿床成因等方面具有重要价值（Graf，1977；Henderson，1984；Michard et al.，1986；Taylor et al.，1988；Lottermoser，1992；Klinkhammer et al.，1994）。黄铁矿中流体包裹体含量一般较低（Michard，1989；Shen et al.，2007），导致了永新金矿载金黄铁矿的稀土元素总量明显低于其他赋矿围岩的稀土元素总量，但其球粒陨石标准化配分模式（以下简称 REE 模式）具有十分重要的研究意义。

由图 5-9 可以明显看出，载金黄铁矿的 REE 模式与矿区出露的花岗质糜棱岩（310～290 Ma）（赵焕利等，2011；曲晖等，2015；赵院冬等，2015）的完全不同，而与矿区出露的光华组和龙江组火山岩（112～120 Ma）（李永飞等，2013a，2013b；刘阁等，2014；R. Z. Gao et al.，2017b）、闪长玢岩（119～120 Ma）、花岗斑岩（119 Ma）和正长花岗岩（315.9 Ma）的总体比较相似，总体呈明显的右倾型特征，即轻稀土元素相对富集，分馏较为明显，而重稀土元素较为平坦，分馏不明显。另外，虽然正长花岗岩 REE 模式与载金黄铁矿的总体相似，但正长花岗岩显示了较为强烈的负 δEu 异常（范围为 0.41～0.45，平均为 0.43），其他均显示弱的负 δEu 异常或无 δEu 异常。综合分析来看，载金黄铁矿的 REE 模式与矿区出露的光华组、龙江组火山岩，闪长玢岩和花岗斑岩的最为相似，这表明永新金矿床成矿物质来源与矿区火山岩及次火山岩关系密切，而与花岗质糜棱岩和正长花岗岩无关，这个结论与铅同位素研究结论一致。

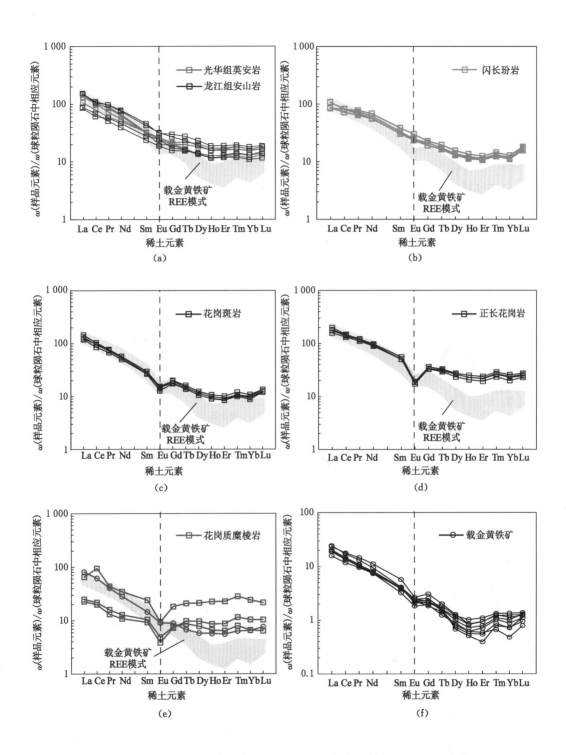

图 5-9 永新金矿床载金黄铁矿及赋矿围岩稀土元素球粒陨石标准化配分模式

$\omega(Co)/\omega(Ni)$被广泛应用于鉴别硫化物来源,特别是针对黄铁矿,其$\omega(Co)/\omega(Ni)$可以用于示踪硫化物矿床的成因(Loftus-hills et al.,1967;Bralia et al.,1979;Campbell et al.,1984;Bajwah et al.,1987;Hou et al.,2016)。这主要是由于黄铁矿中的Fe可以被Co、Ni等呈类质同象式取代,而Fe在元素周期表中靠近Co,所以Co相对Ni更容易进入黄铁矿的晶格。黄铁矿中依据$\omega(Co)/\omega(Ni)$划分了三个成因类型:沉积型黄铁矿[$\omega(Co)/\omega(Ni)$较低,一般小于1,平均为0.63],热液成因型黄铁矿[$\omega(Co)/\omega(Ni)$介于1.17~5之间],火山喷气块状硫化物成因黄铁矿[$\omega(Co)/\omega(Ni)$介于5~50之间,平均为9.7](Bajwah et al.,1987)。永新金矿床黄铁矿样品的$\omega(Co)/\omega(Ni)$为1.98~11.39(平均值为3.73),显示火山-热液成因的特点,在样品中$\omega(Co)/\omega(Ni)$的分布图[图5-10(a)]中,同样落入火山-热液成因范围内,并以热液成因为主。

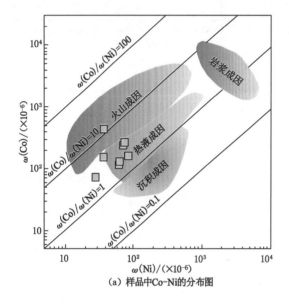
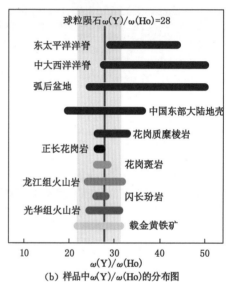

(a) 样品中Co-Ni的分布图　　　(b) 样品中$\omega(Y)/\omega(Ho)$的分布图

图 5-10　样品中 Co-Ni 和 $\omega(Y)/\omega(Ho)$ 的分布图
[(a)中底图据 Bajwah 等(1987)和 Brill(1989);(b)的数据引自 Bau 等(1997,1999)、
Douville 等(1999)和曲晖等(2015)]

前人利用 Y 和 Ho 对成矿流体及现代海底热液进行了详细的研究(Shannon,1976;Bau et al.,1997,1999;Douville et al.,1999),发现 Y 和 Ho 在许多地质作用过程中常常具有相同的地球化学性质,即 $\omega(Y)/\omega(Ho)$ 不变。地球上绝大多数碎屑沉积物和岩浆岩都保持 $\omega(Y)/\omega(Ho)$ 为 28 的球粒陨石比值(Bau et al.,1995)。永新金矿床的 $\omega(Y)/\omega(Ho)$ 为 21.83~31.28。从图 5-10(b)中可以明显看出,永新金矿床黄铁矿的 $\omega(Y)/\omega(Ho)$ 变化范围与中国东部大陆地壳的完全重合,同时矿区光华组、龙江组火山-次火山岩与之基本重合,从而指示成矿物质与矿区火山-次火山岩关系密切,具有成因联系,该结论与上述讨论结果一致。

5.3　含矿流体来源与流体特征

氧和氢的同位素是成矿流体来源的潜在示踪物,热液矿物的氢、氧同位素组成能够为成矿流体来源提供信息(Clayton et al.,1972;Goldfarb et al.,2015),永新金矿床成矿阶段的含金石英 $\delta^{18}O$ 的变化介于 5.0‰～8.4‰之间,δD 的变化范围为－124.8‰～－102.1‰。在 $\delta^{18}O$ 和 δD 的关系图(图 5-11)中,数据点落入大气降水线右侧附近,同时有部分数据点的 δD 偏小,在图 5-11 中落入偏下部分。一般认为,成矿流体具有较低 δD 的原因主要包括成矿流体与还原性气体(如 CH_4 和/或 H_2)的氢同位素的交换作用、成矿流体氧逸度的改变(Taylor,1974)、岩浆去气作用(Rye,1993)和大气降水的加入(Taylor,1974)。根据永新金矿床矿物组合特点可以判断,在主成矿阶段的硫化物是连续沉淀的,成矿流体氧逸度的改变在永新金矿床并不明显(Calagari,2003)。同时,前文对永新金矿床流体成分的研究表明,流体包裹体中基本不含 CH_4 和 H_2 气体。由图 5-11 可以看出,永新金矿床成矿流体的氢、氧同位素组成十分靠近大气降水,而远离变质水和岩浆水,这表明成矿流体主要为大气降水。同时 $\delta^{18}O$ 正向"漂移"较为明显,从而反映了围岩和大气降水发生了明显的水-岩反应(Ripley et al.,1999;郑永飞,2001;Zhai et al.,2009)。

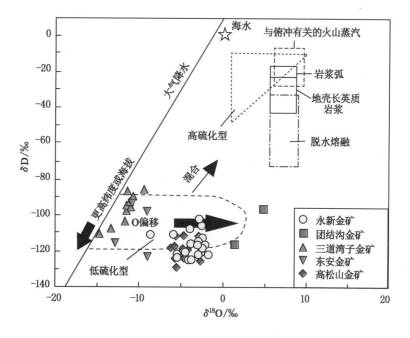

图 5-11　永新金矿床成矿流体氢、氧同位素组成

[底图据 Hedenquist 等(1994)。其中,三道湾子金矿数据引自武子玉等(2005),东安金矿数据引自韩世炯(2013b),高松山金矿数据引自 Hao 等(2016),团结沟金矿数据引自韩世炯(2013b)]

通常在还原条件下,铕呈 Eu^{2+} 状态与其他 3 价稀土元素分离,而在氧化条件下铈呈 Ce^{4+} 状态与其他稀土元素分离(Deng et al.,2015;毛光周等,2006)。永新金矿床含金黄铁矿 REE 模式中仅有较弱的负 Eu 异常(δEu 为 0.61～0.80),而 δCe 的变化范围(0.91～

0.94)较小，没有明显异常[图 5-10(f)]，这表明永新金矿床成矿物理化学条件为还原环境，这与永新金矿床主要载金金属矿物为黄铁矿的现象吻合，从而反映永新金矿床成矿流体为弱的还原性流体。从图 5-9(f)及图 5-6 和中可以看出，永新金矿床含金黄铁矿中亏损高强场元素，而富集轻稀土元素，同时 $\omega(Th)/\omega(La)$、$\omega(Hf)/\omega(Sm)$ 和 $\omega(Nb)/\omega(La)$ 大部分小于 1。普遍认为，Cl 优先配分轻稀土，而 F 则易与重稀土结合，研究表明富 F 的热液亦可迁移大量的轻稀土(Cullers et al.，1984；Flynn et al.，1978；Wendlandt et al.，1979；Haas et al.，1995)。富 Cl 的热液富集轻稀土，其 $\omega(Th)/\omega(La)$、$\omega(Nb)/\omega(La)$ 和 $\omega(Hf)/\omega(Sm)$ 一般小于 1；而富 F 的热液富集高场强元素，其 $\omega(Th)/\omega(La)$、$\omega(Nb)/\omega(La)$ 和 $\omega(Hf)/\omega(Sm)$ 一般大于 1(毕献武等，2004；Oreskes et al.，1990)。通过上述判断，认为永新金矿床成矿热液应该是 Cl 多于 F 的(Mao et al.，2006)，从而推断其成矿流体为相对含 Cl 的弱还原性流体。

综合上述分析认为，永新金矿床成矿流体为相对含 Cl 的弱还原性流体，主要来自大气降水，并与围岩发生了明显的水-岩反应；其成矿物质来源与矿区火山-次火山岩的关系密切，而与花岗质糜棱岩和正长花岗岩无关。

5.4　矿床成因探讨

浅成低温热液型矿床这一概念最早由 Lindgren(1922，1933)提出，主要指形成于浅部，低温(150～300 ℃)、中-低盐度流体在中压条件下形成的一系列贵金属(Au、Ag)、贱金属以及汞、锑、硫、高岭土和明矾石等一系列非金属矿床(Heald et al.，1987；Simmons，2000；Cooke，2000)。

普遍认为，该类型矿床在不同的火山-构造环境下，会产生不同类型的浅成低温热液型矿床(Hedenquist et al.，1987；Hedenquist et al.，2000；Sillitoe et al.，2005)。基于形成条件、矿化类型和蚀变矿物组合以及金属元素组合等特征，普遍将浅成低温热液型矿床划分为 2 类：高硫化型(HS)和低硫化型(LS)(Hedenquist et al.，1987；White et al.，1990；Hedenquist et al.，2000；Einaudi et al.，2003)。通常情况下，低硫化型和高硫化型浅成低温热液型金矿形成的构造环境一般包括岛弧环境、弧后伸展环境、大陆边缘弧环境和俯冲带上盘发育的断裂带(Sillitoe，2010；Hedenquist et al.，2000；Corbett，2002)。高硫化型一般形成于挤压(或中性)环境，而低硫化型形成于拉张(或中性)环境(Kojima，1999)。两者含有的矿物组合和蚀变特征的区别较为明显，一般高硫化型矿床以含黄铁矿、硫砷铜矿、四方硫砷铜矿、铜蓝等矿物组合为标志，流体以发育于明矾石-地开石-高岭土-多孔状石英组合的强酸性环境为特点，而低硫化型矿床主要以黄铁矿-磁黄铁矿-毒砂-闪锌矿组合为标志，主要以产出典型的冰长石-绢云母-玉髓-蛋白石蚀变组合为特征(Hedenquist et al.，2000；Simmons，2000；Cooke，2000)。浅成低温热液型矿床作为一种重要的金矿床类型，自 20 世纪 90 年代起就得到了众多学者的关注，并发布了大量的系统性的研究成果(White et al.，1990，1995；Gray et al.，1994；Sillitoe，1997，2010；Hedenquist et al.，1998；Cooke，2000；Mao et al.，2007；Chang et al.，2011；Sun et al.，2013a，2013b；Hedenquist et al.，2013；Deng et al.，2016；Zhong et al.，2017)。目前，浅成低温热液型金矿特指热液活动发生在火山-浅成岩体系统浅部，矿化作用发生在火山活动晚期，在时间和空间上与陆相火山岩-次火山岩密切相关（Sillitoe et al.，1984；Cooke et al.，2000；Sillitoe et al.，2005；Simmons et al.，2005），成矿流体以大气降水为主的一类金、银（多金属）矿床（Hedenquist et al.，1994）。

在中国东北，尤其是小兴安岭地区，已发现大量的与早白垩世陆相火山-次火山岩密切相关的浅成低温热液型金矿（例如：三道湾子，东安，团结沟和高松山等金矿）（J. H. Zhang et al.，2010b；Liu et al.，2011，2013；Sun et al.，2013a；Wang et al.，2014；Zhai et al.，2015；Hao et al.，2016），它们普遍被解释为在伸展环境中形成（Wang et al.，2002，2006；J. H. Zhang et al.，2008a，2010b；Guo et al.，2010；Kiminami et al.，2013；Lin et al.，2013；Ouyang et al.，2013；Xu et al.，2013；Dong et al.，2014；Tang et al.，2015；Shu et al.，2016）。它们普遍发育在陆相火山盆地边缘，多形成于火山活动末期或火山喷发间歇期，为同生矿床，其成岩与成矿是无间断的在同一地质作用条件下先后发生的。基于以上论述，结合与典型的低硫化浅成低温热液型矿床和区域内典型的低硫化浅成低温热液型金矿的对比研究（表 5-1），永新金矿应为典型的低硫化浅成低温热液型金矿（Simmons et al.，2000；Cooke，2000；Simmons et al.，2005）。主要证据如下。

（1）永新金矿床中发育有与金矿密切相关的陆相火山-次火山岩，并且通过年代学研究，该火山-次火山岩的成岩年龄和永新金矿的成矿年龄十分接近，它们应属于同一构造-岩浆活动期的产物，同时永新金矿床成岩成矿年龄与区域内已发现的大量的低硫化浅成低温热液型金矿床成岩成矿年龄一致（图 3-13）。他们应该属于同期形成的同类矿床。

（2）永新金矿床的矿物组成主要为黄铁矿、闪锌矿、方铅矿和少量的黄铜矿，热液蚀变主要有硅化、绢云母化和碳酸盐化，并常见有晶洞和梳状结构，这显示该矿床具有低硫化型矿物和蚀变组合特征。

（3）永新金矿床氢、氧同位素组成显示，永新金矿床与区内典型的低硫化浅成低温热液型金矿的一致（图 5-11），显示成矿流体主要来自大气降水，并且落入了低硫化型范围内，同时显示了永新金矿床形成过程中大气降水和围岩发生了明显的水-岩反应。

（4）永新金矿床 S 同位素的组成特点与区域内典型的低硫化浅成低温热液型金矿的一致，都在低硫化浅成低温热液型金矿硫同位素值范围内［图 5-6（a）］，均有岩浆硫的特点。

（5）永新金矿床 Pb 同位素的组成特点与区域内典型的低硫化浅成低温热液型金矿的一致，都位于造山带和地幔演化线之间。另外，永新金矿床 Pb 同位素组成特征与矿区赋矿火山-次火山岩的基本一致，这表明永新金矿床成矿与火山-次火山岩的活动关系密切（图 5-7），还反映永新金矿床的成矿物质来源与矿区赋矿火山-次火山岩的关系密切。

（6）永新金矿床载金黄铁矿的稀土和微量元素特征与赋矿围岩的对比分析（图 5-9）表明，永新金矿床成矿物质来源与矿区火山-次火山岩关系密切，而与花岗质糜棱岩和正长花岗岩无关。样品中 Co-Ni 的分布图［图 5-10（a）］显示，永新金矿床属于火山-热液成因。永新金矿床的 $\omega(Y)/\omega(Ho)=21.83\sim31.28$，从图 5-10（b）中可以明显看出，永新金矿床黄铁矿的 $\omega(Y)/\omega(Ho)$ 变化范围与矿区内火山-次火山岩的也基本一致，均显示出浅成低温热液型金矿床的成因特点。

表5-1 永新金矿床与典型低硫化浅成低温热液型矿床和区域内典型的低硫化浅成低温热液型金矿的特征对比表

对比的内容	永新金床 典型低硫化浅成低温热液型矿床	区域内典型的低硫化浅成低温热液型金矿			
		高松山金矿	三道湾子金矿	东安金矿	团结沟金矿
构造背景	伸展环境	伸展环境	伸展环境	伸展环境	伸展环境
	大陆伸展环境、岛弧环境和板块俯冲的弧后环境				
控矿构造	NE和NW向构造,火山机构边缘裂隙及NE向贺根山-黑河断裂	NE向张性构造和沙其河断裂	NW向张性构造和NE向断裂	库尔滨壳断裂级次断裂NNE,NW向断裂	NNE向乌拉嘎断裂和NWW、NNW、NEE断裂
与成矿关系密切的赋矿围岩	早白垩世安山岩(玄武岩)-英安岩-流纹岩质凝灰岩及次火山岩(如花岗斑岩、闪长玢岩)	早白垩世安山岩-玄武安山质凝灰岩	早白垩世粗面岩、碱性流纹岩/火山碎屑岩、辉绿岩岩玢岩和流纹岩	早白垩世安山岩、流纹岩和火山碎屑岩	早白垩世斜长花岗斑岩、安山岩和安山质火山碎屑岩
	安山岩(玄武岩)-英安岩-流纹岩-碱性岩-粗面岩				
主要矿石矿物	黄铁矿、黄铜矿、磁黄铁矿、毒砂、闪锌矿	自然金、黄铁矿、赤铁矿、褐铁矿	银金矿、金银矿、碲金矿、针碲金银矿、自然银、方铅矿、闪锌矿、黄铜矿和辉铜矿	黄铁矿、方铅矿、黄铜矿、辉铜矿、闪锌矿、毒砂、银金矿、金银矿和自然银	黄铁矿、辉锑矿、黄铜矿、闪锌矿、自然金和银金矿
	自然金、黄铁矿、方铅矿、黄铜矿				
主要脉石矿物	石英、玉髓、方解石、冰长石、绢云母和伊利石	石英、玉髓、方解石、冰长石、绢云母、伊利石	石英、绿泥石、冰长石、方解石和高岭石	石英、冰长石、绢云母、萤石	石英、玉髓、冰长石、方解石和高岭石
	石英、玉髓、冰长石、绢云母				
矿石构造	浸染状构造、细网脉浸染状构造、晶洞、晶簇或梳状晶洞状构造等	网脉状构造、角砾状构造、浸染状构造、晶簇状构造、梳状构造和片状构造等	浸染状构造、致密块状构造、细脉状构造、网状构造和角砾状构造	细脉状构造、网状构造、角砾状构造、晶洞状构造和片状构造等	细脉状构造、网状构造、角砾状构造、晶洞状构造和梳状构造等
	网脉状构造、角砾状构造、浸染状构造、晶簇状构造、梳状构造和片状构造等				

表 5-1（续）

对比的内容	典型低硫化浅成低温热液型矿床	区域内典型的低硫化浅成低温热液型金矿				
		永新金矿床	高松山金矿	三道湾子金矿	东安金矿	团结沟金矿
周岩蚀变	硅化、绿泥石化、冰长石化、高岭石化、泥化和碳酸盐化	钾化、硅化、绢云母化、绿泥石化、绢英岩化、高岭石化和局部冰长石化、碳酸盐化	硅化、绢云母化、绿泥石化、冰长石化和碳酸盐化	硅化、绢云母化、冰长石化、绿泥石化、高岭石化和碳酸盐化	硅化、绢英岩化、萤石化和冰长石化	高岭土化、硅化、碳酸盐化、绢云母化和冰长石化
矿体类型	网脉状石英脉和角砾岩	网脉状石英脉和热液角砾岩	网脉状石英、方解石脉和热液角砾岩	网脉状石英脉和热液角砾岩	网脉状石英脉和热液角砾岩	网脉状石英脉和热液角砾岩
元素组合	Au、Ag、As、Sb、Zn、Pb、Hg	Au、Ag、As、Sb、Bi	Au、Ag、As、Sb、Pb	Au、Ag、As、Sb	Au、Ag、As、Sb、Bi	Au、As、Sb
其他特征	温度:100~320 ℃;深度:小于 2 km;成矿流体以大气降水为主;盐度:0~10%;S 同位素:深源岩浆硫	温度:162~305 ℃;深度:0.4~1.1 km;成矿流体以大气降水为主;盐度:1.7%~7.5%;S 同位素:深源岩浆硫	温度:150~310 ℃;深度:小于 1.0 km;成矿流体以大气降水为主;盐度:0.7%~3.7%;S 同位素:深源岩浆硫	温度:200~320 ℃;深度:0.5~1.3 km;成矿流体以大气降水为主;盐度:1.2%~2.4%;S 同位素:深源岩浆硫	温度:260~300 ℃;深度:0.4~1.0 km;成矿流体以大气降水为主;盐度:1.3%~2.9%;S 同位素:深源岩浆硫	温度:245~275 ℃;深度:0.6~1.3 km;成矿流体以大气降水为主;盐度:1.3%~3.3%;S 同位素:深源岩浆硫
成矿时代	以白垩纪和新生代为主	(107±4)Ma	(99.3±0.4)Ma	(119.1±3.9)Ma	(107.2±0.6)Ma	(113.8±4.4)Ma

注:表格数据及资料引自 Cooke(2000)、Simmons(2000)、Simmons 等(2005)、韩世炯(2013b)、黄诚(2014)以及表 3-1 中参考文献。

5.5 成岩成矿动力学背景及成矿模式

中国东北地区在中生代时期发生了强烈而又复杂的构造-岩浆活动,先后经历了碰撞以及岩石圈增厚、拆沉、伸展等地质作用,从而导致该区在中生代时期发生了大规模的岩浆活动和成矿作用(韩振新等,1995;Xu et al.,2013;Liu et al.,2011;Zeng et al.,2011,2012;韩世炯等,2013a;Ouyang et al.,2013;Ma et al.,2016;Shu et al.,2016;H. Y. Wu et al.,2016b;Yang et al.,2016)。由于研究区构造-岩浆活动强烈,成矿作用具有多期性、多源性及叠加性的特点,对该区成岩成矿动力学背景及成矿作用的认识各有不同。

毛景文等(2005)认为中国北方大规模成矿作用主要发生在三个重要成矿期,分别为200～160 Ma、140 Ma 左右和 120 Ma 左右,其对应的地球动力学背景分别为后碰撞造山过程、构造体制大转折晚期和岩石圈大规模快速减薄。其中在 200～160 Ma 时期的成矿作用主要表现为与大厚度岩石圈局部伸展有关的岩浆-热成矿,在 140 Ma 左右时期的成矿作用表现为与深源花岗质岩石有关的斑岩-夕卡岩矿床,而 120 Ma 左右时期的成矿作用在岩石圈快速减薄过程中有地幔流体参与。Wu 等(2011)认为中生代中国东北的动力学背景以太平洋板块的俯冲为主导。祁进平等(2005)认为东北地区浅成低温热液型金矿床大规模成岩成矿的时间为 130 Ma 左右,对应的构造背景为古亚洲洋闭合后陆陆碰撞过程中的挤压-伸展转变体制。韩世炯等(2013a)将中国东北地区金矿的成矿时代划分为三个成矿期,分别为170～160 Ma、130～110 Ma 和 110～90 Ma,认为浅成低温热液型金矿床的构造背景为由古太平洋板块向亚洲大陆正北向俯冲转入由古太平洋板块向亚洲大陆西南向俯冲的构造转换期。Ouyang 等(2013)提出了中国东北及邻区(包括小兴安岭地区)中生代成矿期分为 5 个不同阶段:三叠纪(240～205 Ma)、早-中侏罗世(190～165 Ma)、晚侏罗世(155～145 Ma)、早白垩世(140～120 Ma)和早白垩世晚阶段(115～110 Ma)。其中,早白垩世(140～120 Ma)成矿作用发生在蒙古-鄂霍茨克洋闭合与古太平洋板块俯冲共同作用下引起的伸展构造环境(毛景文等,2003,2005;Mao et al.,2003;Wang et al.,2006;Z. C. Zhang et al.,2010a;Wu et al.,2011;Zhu et al.,2011),然而早白垩世晚阶段(115～110 Ma)成矿作用的最终阶段与古太平洋板块俯冲方向的变化导致软流圈上涌,从而引起岩石圈大范围伸展有关(Han et al.,2013;Ouyang et al.,2013;Sun et al.,2013a,2013b;Xu et al.,2013)。

在以上对中国东北地区中生代成岩成矿动力学背景及成矿作用的认识中,普遍观点是,早白垩世成矿作用及相关岩浆作用是在伸展背景下形成的(毛景文等,2005;Xu,2007;Han et al.,2013;Xu et al.,2013;Ouyang et al.,2013;Shu et al.,2014,2016)。前文已讨论,永新金矿床应属于典型的浅成低温热液型金矿床,与矿区出露的火山-次火山岩关系密切,成岩时代集中在 120～112 Ma,而永新金矿的成矿年龄为(107±4)Ma(黄铁矿的 Rb-Sr 测年),这显示永新金矿床成岩成矿时代均为早白垩世。因此,我们认为永新金矿床与同一地区的许多早白垩世浅成低温热液型金矿床可能共同形成于区域性伸展构造背景下,可能与古太平洋板块俯冲回撤的动力学背景有关(Zhao et al.,2019a,2019b)(图 5-12)。

基于以上对永新金矿成因和成岩成矿时代的分析,认为永新金矿床岩浆活动和成矿作用发生在早白垩世。古太平洋板块向中国东部大陆边缘的俯冲作用动力学背景(韩世炯,2013b;Sun et al.,2013a,2013b)导致了岩石圈加厚,进而发生岩石圈地幔拆沉(毛景文等,

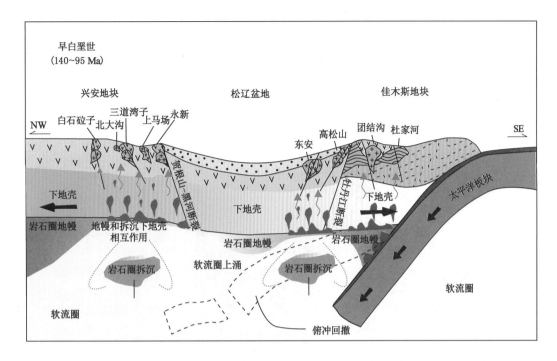

图 5-12　小兴安岭地区早白垩世浅成热液型金矿成因成矿动力学模式图

[据韩世炯(2013b)、Ouyang 等(2013)、Shu 等(2016)修改]

2003;L. C. Zhang et al.,2008c;Sun et al.,2013a,2013b;Ouyang et al.,2013;Xu et al.,2013;Shu et al.,2016),由此诱发软流圈地幔上涌并发生镁铁质下地壳部分熔融形成的岩浆(Z. C. Zhang et al.,2010a;Sun et al.,2013a,2013b),该岩浆沿着 NNE 向贺根山-黑河断裂向上运移。在 120～116 Ma 左右时,以中性为主的中酸性岩浆发生喷发作用,形成了钙碱性特征的龙江组粗面安山岩、粗面岩、安山岩、安山质角砾岩等中酸性火山岩。后期岩浆在上升过程中,由于外界压力的不断下降,岩浆上侵强度不断降低,这造成中酸性钙碱性岩浆的浅成就位,形成了浅成的闪长玢岩和花岗斑岩等次火山岩体(呈岩株状产出),从而推测该期火山活动又一次产生成矿物质的活化和早期成矿富集作用(李永飞等,2013a,2013b;L. C. Zhang et al.,2008c)。在 112 Ma 左右,残余岩浆又一次发生小规模喷发活动,同时萃取围岩中的和早期富集的成矿物质,并形成了钙碱性特征的光华组英安岩、流纹岩、流纹质含角砾凝灰岩等中酸性火山岩,又一次产生成矿物质的活化和富集作用。

经过了上述两阶段的岩浆抽提,永新金矿床的含矿流体库基本形成。在 107 Ma 左右向晚白垩世地壳转化期间,残余岩浆(富含挥发分的岩浆热液)沿着 NNE 向贺根山-黑河断裂、火山机构及次级断裂向上运移,同时淋滤、萃取龙江组和光华组中酸性火山-次火山岩以及围岩中的成矿物质,进而逐渐富集形成含矿热液。含矿热液充填于火山-次火山岩体中,随着内部压力和温度的逐渐升高,一旦超过了围岩静压力,就产生强烈的隐爆作用,进而导致隐爆角砾岩沿原断裂及次级断裂运移至浅部(Zhao et al.,2019b;Yuan et al.,2018)。另外,在隐爆角砾岩膨胀产生的裂隙中充填了混合流体,由于其物理化学条件的变化,再加上大量大气降水的参与以及含矿流体发生流体沸腾作用(韩世炯,2013b;Sun et al.,2013a,2013b),含矿热液的溶解度急剧下降,其中的金发生富集沉淀,从而形成了永新金矿床(图 5-13)(Zhao et al.,2019a,2019b)。

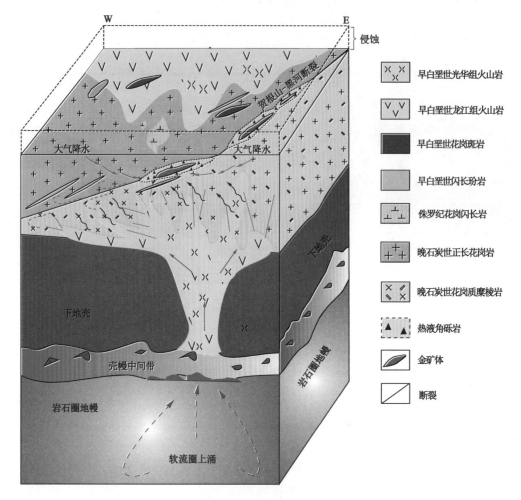

图 5-13 永新金矿床成矿模式图

5.6 "三位一体"综合找矿预测模型

综合本次研究成果,结合前人研究资料,对永新金矿床成矿地质体、成矿结构面以及成矿作用特征标志进行综合分析,再结合该区物、化、探异常特征和矿化蚀变等特征,进而建立了永新金矿床"三位一体"综合找矿预测模型(表 5-2)。

表 5-2 永新金矿床"三位一体"综合找矿预测模型

找矿模式要素	主要标志	特征描述
成矿地质背景	大地构造背景	位于黑龙江省小兴安岭西北部,地处兴蒙造山带东端,大兴安岭弧盆系的扎兰屯-多宝山岛弧带

表 5-2(续)

找矿模式要素	主要标志	特征描述
成矿地质体	岩体类型	早白垩世龙江组和光华组中酸性火山-次火山岩,如安山岩、英安岩,花岗斑岩和闪长玢岩等
	形态、产状	不规则岩筒、岩株、岩脉和角砾岩体、透镜体状等
	岩石化学	钙碱性-高钾钙碱性系列,总体上富集轻稀土元素和大离子亲石元素,而亏损高场强元素
	同位素地球化学	$[\omega(^{87}Sr)/\omega(^{86}Sr)]_i = 0.691\,0 \sim 0.711\,3$;$\varepsilon_{Nd}(t) = +0.8 \sim +2.5$;$T_{DM2} = 702 \sim 851$ Ma;$\varepsilon_{Hf}(t) = +3.6 \sim +13.6$
	形成时代	早白垩世(120~112 Ma)
	围岩	晚石炭世正长花岗岩与花岗质糜棱岩
	与矿体空间关系	作为矿体的上下盘,并与矿体伴生平行产出
成矿构造及成矿结构面	深大断裂	NNE 向贺根山-黑河断裂,该断裂控制着本区地质体分布形式、展布方向
	接触带控矿构造	晚石炭世正长花岗岩与花岗质糜棱岩的接触带构造控制了含矿角砾岩体以及(超)浅成岩脉的分布。该接触带构造是矿区中主要的成矿结构面
	火山机构断裂	永新金矿所在地区处在白垩纪火山盆地边缘地带,受控于区域性断裂构造和火山机构及其派生出的环状、线状构造及次级断裂构造
成矿作用特征标志	矿体特征	主要为热液角砾岩和脉状石英
	矿体空间	从深部到浅部依次为热液角砾岩型→脉状石英
	蚀变类型	钾化、硅化、绢云母化、绿泥石化、绢英岩化和碳酸盐化等
	蚀变分带	矿体由中心向外依次为硅化带→绢云母化带→钾长石化带(青磐岩化);从地表至深部依次为黄铁矿化、青磐岩化→青磐岩化、硅化、黄铁矿化→泥化、青磐岩化、黄铁矿化→绢英岩化(含硅化)、黄铁矿化
	元素组合	Au、Ag、As、Sb、Bi
	主要矿石矿物	自然金、黄铁矿、黄铜矿、闪锌矿、方铅矿
	主要脉石矿物	石英、钾长石、玉髓、冰长石、方解石和绢云母
	矿化阶段	无矿石英-钾长石成矿阶段(Ⅰ)→灰色石英-黄铁矿成矿阶段(Ⅱ)→灰黑色石英-多金属硫化物成矿阶段(Ⅲ)→呈绸带状的石英-方解石细脉成矿阶段(Ⅳ)
	流体包裹体特征	以气液两相包裹体为主,偶见纯液相包裹体

表 5-2(续)

找矿模式要素	主要标志	特征描述
成矿作用特征标志	成矿流体的物理化学参数	成矿温度平均由 305 ℃→237 ℃→202 ℃→162 ℃逐渐降低;盐度由 7.5%→3.4%→2.90%→1.70%逐渐减小;流体密度由 0.78 g/cm³→0.84 g/cm³→0.89 g/cm³→0.92 g/cm³ 微弱增高;静水压力由 28.5 MPa→18.1 MPa→14.9 MPa→10.9 MPa 逐渐降低
	成矿深度	小于 1.06 km
	成矿时代	早白垩世(107 Ma±4 Ma)
	稳定同位素	$\delta^{18}O_{H_2O}$(‰)=−7.0‰~−4.4‰;$\delta^{18}D_{H_2O}$=−124.8‰~−102.1‰;$\delta^{34}S$=2.3‰~5.1‰
	放射性同位素	$\omega(^{206}Pb)/\omega(^{204}Pb)$=18.126~18.255;$\omega(^{207}Pb)/\omega(^{204}Pb)$=15.492~15.537;$\omega(^{208}Pb)/\omega(^{204}Pb)$=37.880~38.019;$\mu$=9.28~9.37;$\omega(Th)/\omega(U)$=3.58~3.68
找矿标志	地质特征	灰白色石英脉、灰色硅质胶结角砾岩和强硅化蚀变岩(由于氧化作用,地表可见到"红化"现象)
		围岩蚀变类型主要有硅化、绿泥石化、绢云母化、碳酸盐化、黏土化、青磐岩化等,其中硅化和绢云母化与矿化关系密切
		晚石炭世正长花岗岩与花岗质糜棱岩的接触带是主要的矿体就位位置
		矿体主要位于早白垩世火山盆地边缘地带,且发育大量中-酸性次火山岩体和超浅成岩脉
	地球物理和地球化学特征	矿体位于中低极化率(极化率在 1.2%~1.4%之间)和中高电阻率(1 200~2 800 Ω·m)之间的梯度带上
		矿体位于低磁异常背景区域,磁化率一般小于 160 nT(最佳介于−200~500 nT)
		地球化学异常主要表现为金异常(与银、砷、锑、铋等元素套合较好,尤其与银元素套合紧密),这显示了低温元素组合的特点
		矿体原生晕特点:前缘晕元素组合为 As-Sb-Hg;近矿晕元素组合为 Au-Ag-Cu-Pb-Zn;尾缘晕元素组合为 W-Mo-Bi-Co-Ni-Cd
矿床成因		**低硫化浅成低温热液型金矿**

第 6 章　永新金矿区三维建模

6.1　永新金矿区三维地质建模

在永新金矿区三维地质建模工作中,图形资料的处理工作借助于 MapGIS、ArcGIS 和 AutoCAD 等软件来完成,三维建模及深部预测工作借助于 Creatar(超维创想)软件来完成。Creatar 软件是北京超维创想信息技术有限公司自主研发的地学三维应用软件平台,其中 Creatar XModeling(以下简称 XModeling)是 Creatar 三维产品体系中的三维地质建模软件,是利用已有地质资料中的地质信息,对其进行三维重建、展现和分析的软件平台。该平台主要基于地质人员的工作经验和地质认识,结合数学方法和计算机技术,来实现各类地质信息的空间可视化。

6.1.1　三维地质建模数据收集与处理

1. 数据收集

本次研究首先收集永新金矿区所在区域已完成的地质、物探、化探、遥感及矿产等各类资料,主要包括研究区 100 km^2 范围内比例尺为 1∶5 万的地质图资料、物探和化探图件及数据、深部物探资料以及永新金矿床的采样平面图、各种勘探线剖面图、钻孔等数据。其次,根据建模软件内部数据库要求对收集的数据进行预处理,主要包括数据一致性检查、各地质界线属性赋值、拓扑错误排除等,从而为本次三维建模工作提供数据基础和依据。

2. 数据处理

首先,将收集的各类原始数据,按照三维建模软件内部数据要求整理形成以 MapGIS 或 ArcGIS 或 AutoCAD 软件格式为准的一套研究区数据资料库(包括统一整理数据坐标)。其次,将研究区数据资料库一同导入三维建模软件中进行使用,具体数据处理流程见图 6-1 中的虚线框部分。

(1) 格式转换

将原始数据都转换成软件默认的格式,如 MapGIS 数据格式(点、线、区),影像文件(如 Tiff 或 Msi 等)。属性数据文件格式,如 Excel,Access 等。

(2) 统一空间参考

由于本次所收集原始资料的坐标系均为北京 1954 年坐标系,因而需要通过软件将其转换为大地坐标系。同时,对于一些数据不规范的图件坐标系,进行了相应的调整和转换,内容主要包括坐标增减带号、多项式及线性变换、整体平移、仿射变换等。

(3) 矿区采样平面图的整理

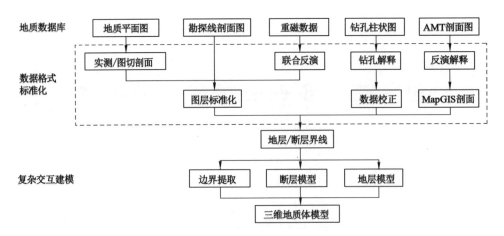

图 6-1　数据整理技术路线

地质图裁切:从原始资料中裁剪出用来建模的数据。

拓扑错误检查:对文件数据进行拓扑错误检查,如果存在拓扑错误,为了不影响数据在建模系统中的分离提取,则要进行拓扑重建。

要素赋属性:为图层中不同岩性要素添加属性。

将平面图导入三维系统,并根据区属性提取地层线。

(4) 钻孔数据整理

为实现钻孔三维可视化,钻孔地表模型需要整理的数据包括钻孔基本信息、分层信息、测斜测井信息、取样信息。

数据格式整理为 Excel 表格形式,记录的内容包括:钻孔基本信息(钻孔名称、横坐标 X、纵坐标 Y、孔口标高 Z、孔深),钻孔分层信息(钻孔名称、地层起位置、地层止位置、岩性或工程号)。

(5) 剖面数据整理

剖面图矢量化:将扫描图件中用以建模的矿体要素在 MapGIS 软件中进行矢量化。

拓扑错误检查,赋属性:对已有的 MapGIS 格式的剖面文件进行拓扑错误检查和去除,并在区要素中添加地层属性。

读取三维控制点:读取剖面起始和终止经纬度坐标,高程值,剖面图上坐标,每条剖面至少读取两组控制点。在 XModeling 软件中根据控制点进行剖面三维转换。

识别建模区中的断层、地层、矿体、不整合面等地质要素或者地质现象,将建模区内所有建模约束数据按照地质要素分组:

① 获取断层线和断层轨迹线。将多个剖面上属于同一断层号的断层线合并为一个线对象。从平面图上同一断层号获取断层的走向轨迹线。利用剖面图的断层线,自动生成轨迹线,并按断层号分组存放。

② 获取地层顶板的分层线。将建模区内所有剖面上属于同一地层顶板的分层线归并到一个多线对象,并按地层分组存放。

③ 获取矿体分布的轮廓线。将建模区内所有剖面上属于同一矿体的轮廓线归并到一个多线对象,并按矿体编号分组存放。

利用数据的精度消除数据间的不一致性:用高精度的数据来校正低精度的数据。例如,钻孔数据是实际钻探的成果数据,准确度高,当剖面图或其他数据与钻孔分层不一致时,需要以此对其他数据进行适当的校正。

最后,根据建模区范围和数据精度,确定合适的网格大小,并对数据进行抽稀、加密等概化处理。

(6) 物探数据整理

若物探数据原始资料为 MapGIS 线文件格式,则可通过数据整理转换为 XModeling 等值面和等值线格式,步骤如下:

① 文件格式转换:将 MapGIS 格式文件转换为 ArcGIS 格式线文件,并对线对象属性赋值;

② 导入 XModeling 系统;

③ 插值生成面。

(7) 化探数据整理

若化探数据原始资料为 MapGIS 点文件格式,则可通过数据处理转换为 XModeling 等值面和等值线格式。步骤如下:

① 属性赋值:使用 MapGIS 软件中"注释赋为属性"工具,为文件中的点要素添加属性值;

② 文件格式转换:使用 MapGIS 软件中"文件转换"工具,将其转换为 ArcGIS 点文件格式;

③ 生成栅格:在 ArcGIS 软件中,对化探取样点进行插值;

④ 将插值后的栅格文件保存为 ASCⅡ格式;

⑤ 将 ASCⅡ格式的栅格文件导入 XModeling 系统生成化探等值面,并根据化探等值面提取等值线。

(8) 遥感数据整理

根据等高线数据插值生成 DEM 面,并在 XModeling 系统中叠加地表卫星地图。

6.1.2　永新金矿区三维地质实体模型建模成果

(1) 数据提取

地层建模时,在完成对剖面数据的拓扑一致性检查、地层属性赋值、二维转三维处理后,在三维建模平台内提取地层及断层等地质界线的控制界线,生成各地层的地层线和断层走势线(图 6-2、图 6-3)。

(2) 三维地质建模成果

通过对永新金矿区内已开展的地质、物探、化探工作所取得的原始数据的收集、分析研究,尤其是采用音频大地电磁测深(AMT)解译了深部地质结构,并采用多种方法约束和相互校正解译的方法(如重力测量、重磁剖面测量及矿区钻孔资料验证),建立了永新金矿区三维实体地质模型(图 6-4)。

地质模型中的地质单元主要包括盖层(第四系和中生代火山岩)、晚石炭世正长花岗岩、晚石炭世花岗质糜棱岩、奥陶系上统裸河组以及破碎带。盖层主要由九峰山组、光华组(龙江组)、甘河组、第四系组成。构造主要包括 8 条断层。

(3) 三维物探平面模型建模成果

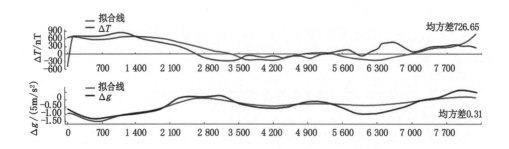

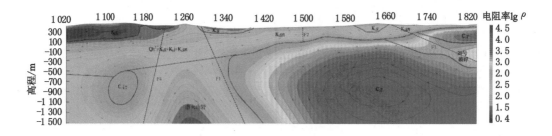

图 6-2　重磁联合反演断面图数据提取

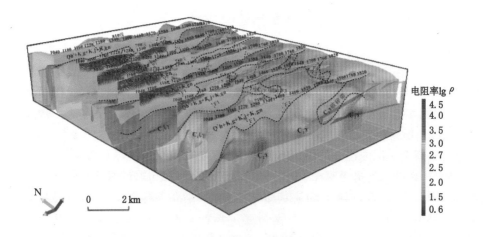

图 6-3　地层界线提取

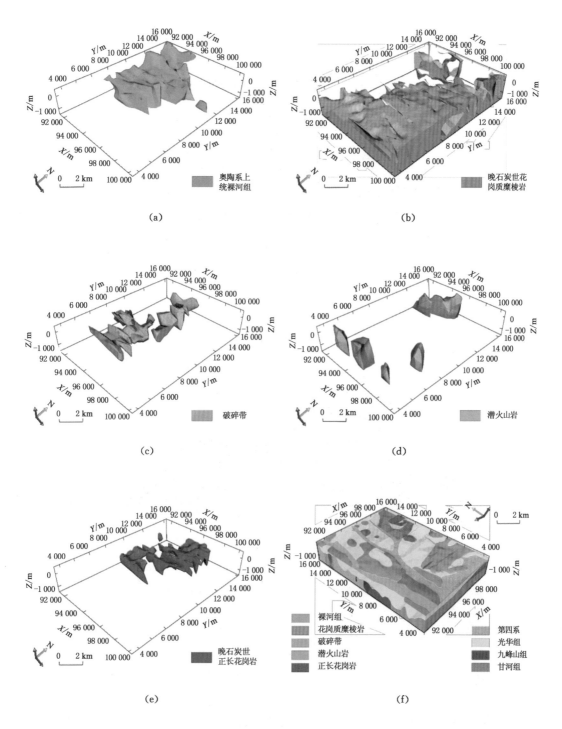

图 6-4 永新金矿区主要地质单元示意图

通过永新金矿区内已完成的 1:5 万高精度磁测和相位激电测量原始数据和图件,构建了该区的三维物探平面模型(图 6-5 至图 6-7)。注意,本章插图中的单箭头指北向。

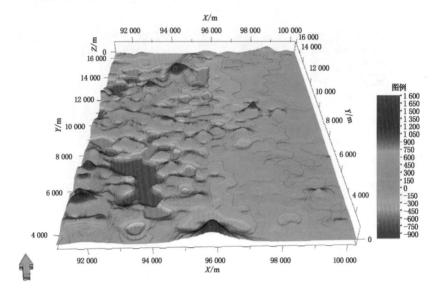

图 6-5　永新金矿区 1:5 万高精度磁测 ΔT 异常平面图

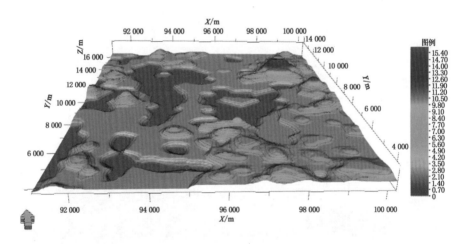

图 6-6　永新金矿区 1:5 万相位激电测量视相位平面图

(4)三维化探平面模型建模成果

通过永新金矿区已完成的 1:5 万土壤测量各元素异常模型原始数据和图件,构建了该区的化探平面模型(图 6-8、图 6-9)。

(5)永新金矿床地质及矿体建模成果

本次永新金矿床地质模型和矿体模型的建立,是基于区内已开展的勘查工作成果和三维立体建模而完成的。主要根据矿区内控制矿体的 6 条勘探线剖面和地表槽探等成果(图 6-10、图 6-11),进行了矿区的地质建模及矿体建模,为建立找矿预测模型,开展成矿预测提供已知矿体,为控矿有利因子的提取提供参考。

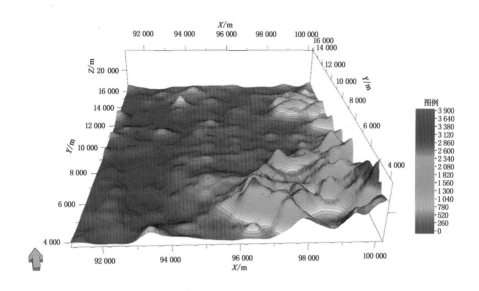

图 6-7　永新金矿区 1：5 万相位激电测量视电阻率平面图

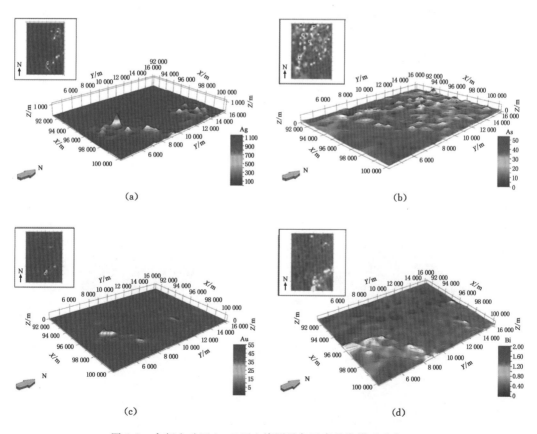

图 6-8　永新金矿区 1：5 万土壤测量各元素异常模型示意（一）

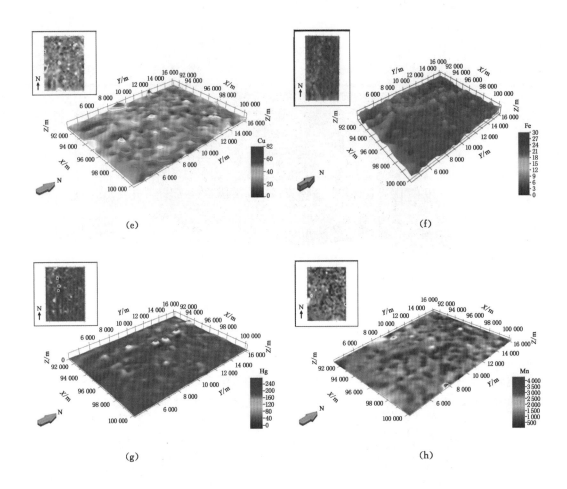

(e) (f)

(g) (h)

图 6-8（续）

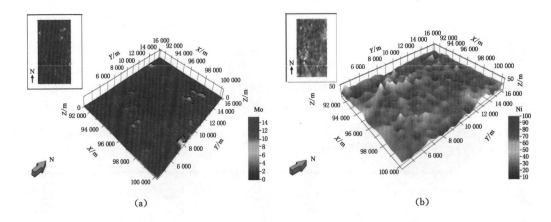

(a) (b)

图 6-9 永新金矿区 1∶5 万土壤测量各元素异常模型示意（二）

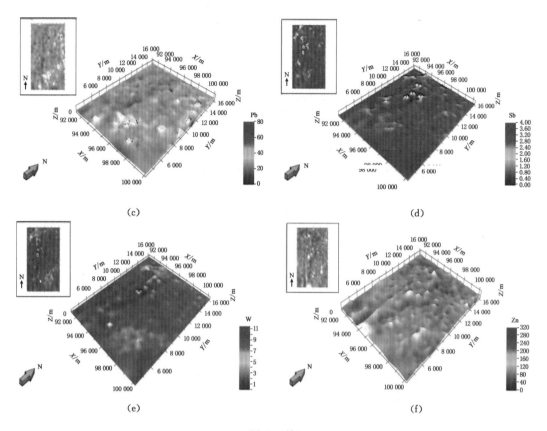

图 6-9（续）

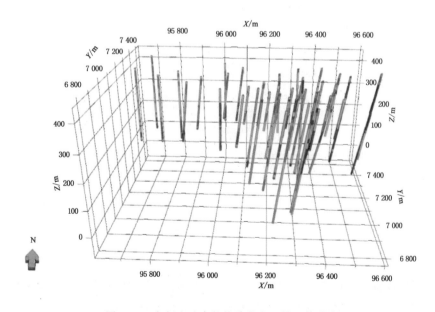

图 6-10　永新金矿床的钻孔分布三维立体示意

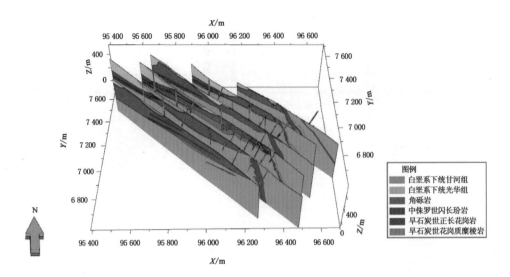

图 6-11　永新金矿床收集的地质剖面模型

① 永新金矿床地质模型建模成果

根据已知矿区的六条剖面,进行了该金矿床的地质建模。该区域平均深度约为 490 m;面积约为 0.84 km^2,包括甘河组、光华组(龙江组)、角砾岩、闪长玢岩、正长花岗岩、花岗质糜棱岩等地层和岩性因素(图 6-12、图 6-13)。

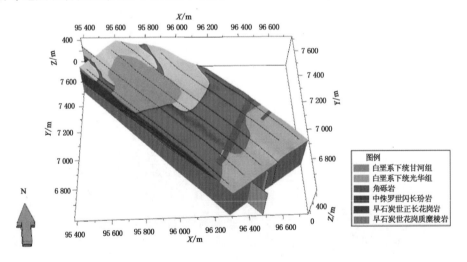

图 6-12　永新金矿床地质模型(一)

② 永新金矿床矿体模型建模成果

根据已知矿区的 6 条勘探线剖面图和 42 个钻孔柱状图,按照实际钻孔测试样品的分析结果,并基于矿体链接原则和实际矿体展布特征,对永新金矿床的矿体进行了系统连接,建立了永新金矿床矿体模型(图 6-14),为找矿模型的建立和成矿预测有利因子的提取提供参考(图 6-14)。

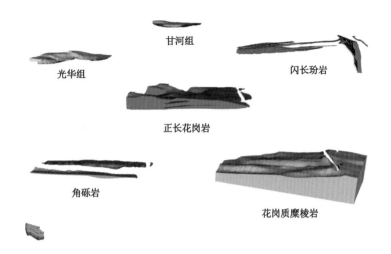

图 6-13　永新金矿床各地质单元模型(二)

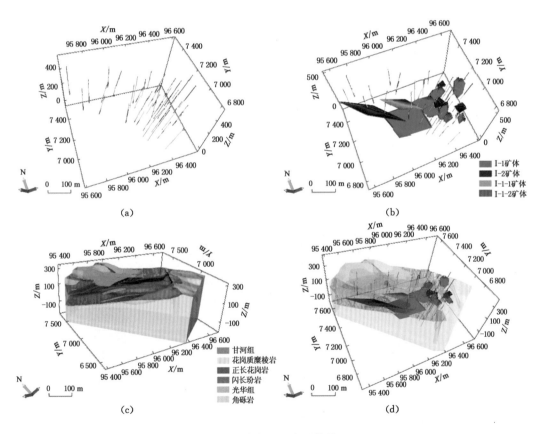

图 6-14　永新金矿床矿体模型

6.2 永新金矿区三维属性建模

6.2.1 永新金矿区深部物探块属性模型建模成果

在本次工作中,根据研究区已完成的音频大地电磁测深(AMT)物探剖面成果,并将其导入建模平台形成数据点云图(图 6-15),然后以 100 m×100 m×100 m 的立方体为块模型单元的大小,采用三维插值相关算法进行插值,从而构建了 AMT 物探块属性模型(图 6-16)。这是为了三维展示和数据的集成分析,为后续构建找矿预测模型、实现找矿预测、圈定成矿靶区作铺垫。

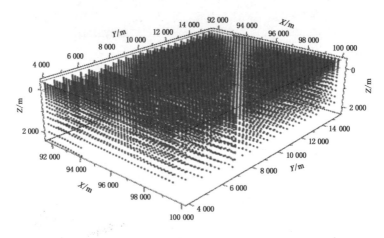

图 6-15 音频大地电磁测深(AMT)物探测量点云数据

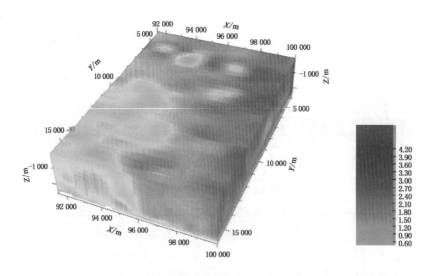

图 6-16 音频大地电磁测深(AMT)物探块属性模型

6.2.2 永新金矿区化探块属性模型建模成果

本次工作根据研究区已完成的 1：5 万土壤地球化学测量成果，以 100 m×100 m×100 m 的立方体为块模型单元的大小，从而构建了化探块属性模型。该模型可对化探块中的任意区间进行赋值，这同样是为了后续构建找矿预测模型、实现找矿预测、圈定成矿靶区打基础（图 6-17、图 6-18）。

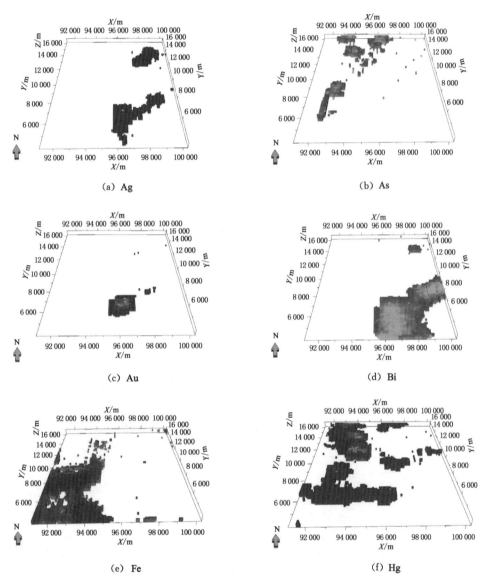

图 6-17　永新金矿区 1：5 万土壤测量各元素异常块模型属性过滤示意（一）

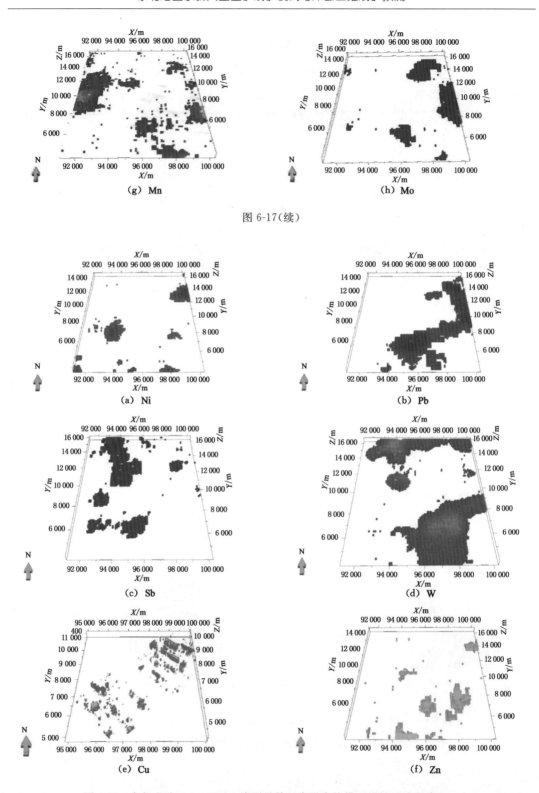

图 6-17（续）

（a）Ni　　（b）Pb　　（c）Sb　　（d）W　　（e）Cu　　（f）Zn

图 6-18　永新金矿区 1∶5 万土壤测量单元素异常块模型属性过滤示意（二）

第 7 章　永新金矿区三维成矿预测及靶区圈定

7.1　三维成矿预测

本次工作结合永新金矿区典型矿床研究成果,采用地质、地球物理、地球化学、找矿标志多组合的找矿方法将信息集成,从而总结永新金矿区重要的控矿因素,提出主要成矿预测因子,建立找矿预测模型。

永新金矿区深部三维找矿预测工作是在三维地质模型的基础上,以找矿模型为参考,提取有利成矿信息,采用证据权法对研究区地质、物探、化探、遥感等多源数据进行融合,将各成矿要素提取为证据因子来计算后验概率,并将成矿有利信息的最佳组合部位圈定为深部找矿的有利地段。在永新金矿区典型矿床研究成果的基础上,总结出永新金矿床"三位一体"综合找矿预测模型,提出成矿预测的有利成矿因子,并对比分析各成矿有利因子的地质特征及相互约束条件。这种地质特征的规律性越强,成矿预测的概率就越大。具体流程如图 7-1 所示。

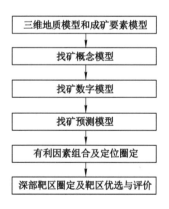

图 7-1　三维成矿预测流程

永新金矿区深部三维找矿预测工作采用"立方体预测模型"。首先,在研究区典型矿床研究成果的基础上,总结研究区内找矿标志和控矿地质条件在时间上和空间上的特征,尤其是成矿有利因子在深部的变化规律。其次,对各类成矿有利因子进行分析评价,以形成定量化信息,并结合已建立好的实体模型进行立方体提取和立方体定量化信息的赋值。最后,开展深部找矿靶区圈定和优选评价。

7.1.1　找矿概念模型建立

基于永新金矿区内已知的典型矿床的研究成果,系统总结了研究区内成矿地质背景等控矿地质条件,并结合研究区地质、物探、化探、遥感资料进行成矿预测因子分析,所建立的找矿概念模型(控矿要素组合)如表7-1所示。

表 7-1　找矿概念模型

矿床类型	控矿地质条件	成矿预测因子
浅成低温热液型金矿	地层	成矿有利地层
		成矿有利岩性
		岩性地球化学特征
	构造	接触带控矿构造
		北东向控矿断裂
		成矿结构面
	地球物理	相位激电测量视相位、视电阻率分布特征
		高精度磁测 ΔT 异常分布特征
		AMT 剖面特征(成矿有利低阻区)
	地球化学	Ag、As、Sb、Bi 等元素分布特征和套合关系

1. 地层条件

研究区内金矿床与早白垩世火山-次火山岩有密切相关的空间关系。该矿床赋存在早白垩世火山盆地的外侧,这种构造位置有利于形成浅成热液型矿床或次火山热液型矿床。矿区内分布的大量中-酸性(超)浅成小侵入体和岩脉(闪长玢岩或花岗斑岩),与金矿体有密切的空间关系,岩石整体受强烈蚀变矿化作用影响,个别已构成金矿化体,这显示研究区深部可能存在与成矿关系密切的次火山岩体(闪长玢岩或花岗斑岩)。

2. 构造条件

接触带控矿构造:晚石炭世正长花岗岩与花岗质糜棱岩的接触带构造控制了含矿角砾岩体以及(超)浅成岩脉的分布。该接触带构造是矿区中主要的成矿结构面。金矿体赋存在角砾岩体内部及邻近的花岗质糜棱岩中,主要受区域性深大断裂构造和火山机构以及它们派生出的线状、环状构造及次级断裂构造的影响。

北东向控矿断裂:发育在花岗质糜棱岩中的北东向断裂控制了少量蚀变糜棱岩型脉状金矿体。

成矿结构面:晚石炭世花岗正长岩与花岗质糜棱岩的接触带(角砾岩体)、角砾岩体的边缘接触带、糜棱岩中的北东向断层以及次火山岩体接触带均为成矿有利的构造位置。

3. 地球物理条件

(1) 高精度磁测 ΔT 异常分布特征

区域上磁异常凌乱复杂,西部及北部磁场变化较大,磁化率在 $-200 \sim 2\,000$ nT 之间变化,由西南向东北延伸的带状高值强磁异常发育,异常强度一般在 500～1 300 nT 之间,局部异常强度在 1 500～2 000 nT 之间,这种杂乱磁场对应了中生代的火山岩及火山碎屑岩。东南部为高值强磁异常区,异常强度一般在 500～2 000 nT 之间,主要对应晚石炭世花岗岩和中侏罗世闪长花岗岩。

研究区处于平静磁场区,异常强度在 −200～500 nT 之间,对应的地质背景为中生代火山-次火山岩与晚石炭世花岗质糜棱岩接触带,该研究区是很好的成矿有利地段。

(2) 相位激电测量视相位、视电阻率分布特征

在区域上,视电阻率的差异比较明显,西部主要为中低阻区,东部主要为高阻区。

西部中低阻区的视电阻率一般在 25～1 200 Ω·m 之间,个别点的数值稍高,呈北北东向展布,这主要为中生代火山岩及少量的沉积砂岩的反映;视相位特征与视电阻率特征大致相似,整体为中低的视相位,其视相位一般在 2～6 mrad 之间,局部视相位相对较高。

东部高阻区的视电阻率一般在 1 200～4 000 Ω·m 之间,呈北北东向展布;其视相位以中低值为主,一般在 4～12 mrad 之间,中东部视相位相对较高。

研究区正好处于视电阻率呈高低变化的梯度带,该区域的视相位主要为中低值,对应的地质背景为中生代火山-次火山岩与晚石炭世花岗质糜棱岩接触带,此区域对成矿十分有利。

(3) 音频大地电磁测深(AMT)剖面特征:

本次建模的主要数据就来自 AMT 剖面,从据此剖面所建的地质模型上能够提取有利于成矿的地层、岩性、构造形态等证据因子。

4. 地球化学条件

在永新金矿区的土壤异常中,Au 与 Ag、Bi、As、Sb 等元素套合较好,这显示低温元素组合的特征。异常总体呈北东向展布,且 Au 元素在北东方向具有明显的线性排列的特征,Au 元素异常值多达到内带特征。

Au、Ag、Bi 元素在区内的分布特征基本相同,套合关系明显。这三种元素异常区主要对应晚石炭世正长花岗岩、花岗质糜棱岩和局部古生代多宝山组地层。三种元素异常总体呈北东向和北西向展布,受构造作用控制明显。

As、Sb 元素在区内的分布特征基本相同,套合关系明显。这两种元素异常区主要对应古生代地层,尤其是裸河组地层,同时在晚石炭世花岗岩边部及接触带附近也较为发育,这两种元素异常总体呈北西向和南北向分布。

7.1.2　找矿数字模型的建立

在建立好找矿概念模型的基础上,将数字模型与实体模型相结合,通过对立方体块进行赋值,建立不同部位的特征变量,利用立方体预测模型对各个变量进行成矿有利条件的分析与提取,作为三维找矿预测模型重要的找矿信息变量。本次预测工作运用相同预测方法及不同预测变量,同时建立浅部和深部预测模型,对永新金矿区浅部及深部进行预测。通过浅部预测模型与深部预测模型的对比研究,对深部找矿靶区进行优选和评价。深部及浅部找矿数字模型分别见表 7-2、表 7-3。

表 7-2 深部找矿数字模型

矿床类模型	控矿地质条件	成矿预测因子	特征变量
浅成低温热液型金矿	地层	有利成矿地层	光华组火山断陷盆地边缘
			光华组与北西向和北东向断层交汇处
			正长花岗岩、花岗质糜棱岩与光华组三者交汇处
			潜火山岩(次火山岩体)
			正长花岗岩与花岗质糜棱岩北东向接触带
	构造	有利成矿构造	断面缓冲带(北东和北西向断面接触部位)
	地球物理	有利成矿地球物理特征	AMT物探解译有利成矿带

表 7-3 浅部找矿数字模型

矿床类模型	控矿地质条件	成矿预测因子	特征变量
浅成低温热液型金矿	地层	有利成矿地层	光华组火山断陷盆地边缘
			光华组与北西向和北东向断层交汇处
			正长花岗岩、花岗质糜棱岩与光华组三者交汇处
			潜火山岩(次火山岩体)
			正长花岗岩与花岗质糜棱岩北东向接触带
	构造	有利成矿构造	断层面缓冲带
	地球化学	有利成矿地球化学特征	金异常与银、砷、锑、铋等元素套合较好,尤其与银元素套合紧密
	地球物理	有利成矿地球物理特征	相位激电测量视相位为 1.2%～1.4%
			相位激电测量视电阻率为 1 200～2 800 Ω·m
			高精度磁测 ΔT 异常强度小于 160 nT

7.1.3 证据权法

在三维成矿预测中,选取合适的数学计算方法是成矿预测的关键。目前主要的技术方法有证据权法、层次分析法、布尔逻辑法、多因素套合分析法、神经网络法以及模糊逻辑法等(向中林,2008)。其中,证据权法在三维成矿预测中具有独特的优势,近些年众多学者将证据权法应用于矿区三维成矿预测(刘世翔等,2007;刘小杨等,2012;戎景会等,2012;陈建平等,2014a,2014b;向中林等,2014;Li et al.,2015;G. W. Wang et al.,2015a;高乐等,2017;Yang et al.,2017)。本次研究工作采用证据权法对研究区进行三维成矿预测,圈定成矿预测靶区。

1. 证据权法的概念

证据权法最早由 Agterberg 提出(Agterberg et al.,1994),该方法以贝叶斯条件概率为基础,对与成矿相关的众多地学信息加权叠加,利用矿产形成后的后验概率来圈定研究区有利成矿部位,从而进行成矿远景区的预测。其中,将每一种与成矿相关的地学信息视为成矿预测的一个证据因子,而证据因子对成矿预测的贡献则由权重值来确定。对于预测成矿空间的位置,证据权法具有其他预测方法无法比拟的优势。证据权法旨在确定与成矿关系密切的证据因子的证据权,从而计算出研究区内任意空间、任意位置的成矿概率值,并以可视化的形式圈定出找矿靶区和成矿远景区。

证据权法的预测评价结果是形成一个成矿后验概率图,成矿概率的大小由后验概率值来确定。后验概率值介于 0~1 之间,其数值越大,表明成矿概率越大。当确定好研究区后验概率临界值后,成矿后验概率图中大于临界值的部位即可视为成矿远景区(找矿靶区)。该方法应用的先决条件是,在三维可视化地质模型(实体模型)的基础上,总结出研究区成矿预测模型,找出可以应用于成矿预测的各类成矿有利因子。证据权法的证据因子的正负权重之差(C)的大小表示成矿有利的好坏,可根据 C 来选取合理的证据因子层。如果 $C=0$,则表示该类成矿有利因子无指导意义;若 $C>0$,则表示该类成矿有利因子有利于成矿;若 $C<0$,则表示该类成矿有利因子不利于成矿。

2. 证据权法的原理

(1) 选择含有已知矿体的矿体模型图层,提取矿块层,划分区域立方体并保证单元块体中至多出现一个已知矿块。

(2) 搜索含矿立方体单元,根据含矿状态赋值于单元块体(如含矿点的赋值为 1,不含矿点的赋值为 0)

(3) 利用证据权法的公式进行先验概率 W^+、后验概率 W^- 及正负权重差值 C 的计算。若 $A(T)$ 代表研究区的体积,U 为单元网格的体积,则单元体数为:

$$N(T) = A(T)/U \tag{7-1}$$

若 $N(D)$ 代表研究区含有矿床点的单元数,即代表所提取的证据因子层,则不含证据因子层的单元体数为:

$$N(\overline{B}) = A(\overline{B})/U \tag{7-2}$$

若数据没有缺失,则:

$$N(T) = N(B) + N(\overline{B}) \tag{7-3}$$

权值公式:

$$W^+ = \ln \frac{P(B/D)}{P(B/\overline{D})} = \ln \frac{N(B \cap D)/N(D)}{[N(B) - N(B \cap D)]/[N(T) - N(D)]} \tag{7-4}$$

$$W^- = \ln \frac{P(\overline{B}/D)}{P(\overline{B}/\overline{D})}$$

$$= \ln \frac{[N(D) - N(B \cap D)]/N(D)}{[N(T) - N(B) - N(D) + N(B \cap D)]/[N(T) - N(D)]} \tag{7-5}$$

式中:W^+ 为证据因子存在区的权重值;W^- 为证据因子不存在区的权重值;B 为证据因子存在区的单元数;$\overline{B}$ 为证据因子不存在区的单元数。

正负权重差值计算公式:

$$C = W^+ - W^- \tag{7-6}$$

(4) 将选取的证据因子层进行后验概率计算,后验概率大于临界值的地区即成矿预测靶区。

后验概率公式:

$$P(D|B) = \frac{\exp(L(D|B))}{1 + \exp(L(D|B))} \tag{7-7}$$

式中:$L(D|B) = L(D) + W^+$;$L(D|\bar{B}) = L(D) + W^-$。

如果是两个叠加的证据因子层,则有:

$$L(D|B_1 \bigcap B_2) = L(D) + W_1^+ + W_2^+ \tag{7-8}$$

$$L(D|\bar{B}_1 \bigcap B_2) = L(D) + W_1^- + W_2^+ \tag{7-9}$$

$$L(D|B_1 \bigcap \bar{B}_2) = L(D) + W_1^+ + W_2^- \tag{7-10}$$

$$L(D|\bar{B}_1 \bigcap \bar{B}_2) = L(D) + W_1^- + W_2^- \tag{7-11}$$

按此原理可推出三个或三个以上证据因子层叠加的公式。

7.1.4 找矿预测模型的建立

块体属性模型可用已知三维实体模型进行限定,进而划分出不同三维实体(地层、构造、异常区等)所包含的块体单元,以此作为矿床预测中的一个变量。三维块体属性模型建立后,根据前面所建立的研究区找矿数字模型进行成矿有利因子的提取和统计分析,确定预测模型各特征的取值范围。再根据证据权法进行后验概率的计算。首先,得到各个成矿有利因子的权重值。其次,计算每个单元块体中的后验概率值,其大小反映了该单元块体相对的找矿意义。最后,圈定出后验概率图,用以进行成矿远景区的预测。本次研究同时建立了浅部和深部找矿预测模型,圈定出了浅部和深部成矿远景区,并且通过评价得出了浅部建立的预测模型对深部建立的预测模型的影响系数,从而作为后期深部成矿靶区优选和排序的基础。

1. 深部找矿预测模型

在建立深部找矿数字模型的基础上,将找矿模型与实体模型结合在一起。提取相应证据因子特征变量的特征值,并将其作为找矿预测模型定量计算的依据。

在本次建立研究区找矿预测模型的过程中,根据预测精度、成矿有利因子的影响范围及预测效果等的综合分析,最终对成矿有利因子的特征变量进行了约束,限定了特征值的缓冲区。其中,光华组火山断陷盆地边缘缓冲区被限定为 200 m,光华组与北西、北东向断层交汇处的缓冲区被限定为 500 m,具体见表 7-4。

表 7-4 深部找矿预测模型

矿床类模型	控矿地质条件	成矿预测因子	特征变量	特征值
浅成低温热液型金矿床	地层	有利成矿地层	光华组火山断陷盆地边缘	缓冲区 200 m
			光华组与北西、北东向断层交汇处	缓冲区 500 m
			正长花岗岩、花岗质糜棱岩与光华组三者交汇处	缓冲区 300 m
			潜火山岩(次火山岩)	直接利用实体
			正长花岗岩与花岗质糜棱岩北东向接触带	缓冲区 300 m
	构造	有利成矿构造	断面缓冲带	缓冲区 300 m
	地球物理	有利成矿地球物理特征	AMT 物探解译有利成矿带	有利成矿带(破碎带)直接利用实体

(1) 研究区块体化模型

根据本次三维成矿预测的工作范围,确定研究区三维建模和成矿预测的基本参数。预测研究区南北长度约为 9.1 km、东西长度约为 12.7 km、深度约为 1.5 km。根据预测精度和已知矿床的勘查程度,本次选定最小预测单元块的大小为 100 m×100 m×100 m。得到的研究区立方体单元块总数共计 223 703 个。研究区深部三维块体模型如图 7-2 所示。

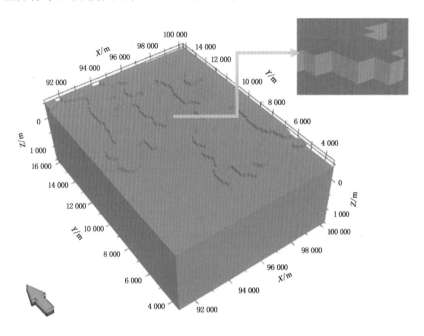

图 7-2　研究区深部三维块体模型

（2）矿体块体提取

根据永新矿体实体模型,构建了矿体块体模型。矿体作为找矿预测模型已知条件,将矿体赋值到立方体单元块内,即有矿体立方体单元块赋值为 1,无矿体立方体单元块赋值为 0。如图 7-3 所示,矿体共有 442 个单元块。

（3）成矿有利因子提取

① 光华组火山断陷盆地边缘块体提取

根据物探工作、成矿条件及矿体赋存状态可知,矿体位于早白垩系火山盆地的边缘地带,矿区大面积出露火山岩及同期的次火山岩。这说明早白垩世龙江组（光华组）火山岩盆地边缘地带与金矿有密切空间关系。因此,在本次预测中,选择光华组火山断陷盆地边缘处缓冲区 200 m 范围作为成矿预测的三维控矿证据因子。图 7-4 所示为预测证据因子范围内的深部块体模型,共计 1 204 个立方体单元块,占研究区内所有立方体单元块的 0.54%。

② 光华组与北西向和北东向断层交汇处块体提取

根据矿体赋存状态可知,矿体多位于北东向和北西向断层的交汇处,并且交汇处一般都有中生代火山岩的存在,这说明金矿的赋存与三者有着密切的空间关系。因此,选择光华组与北西向和北东向断层交汇处缓冲区 500 m 范围作为成矿预测的三维控矿证据因子。图 7-5 所示为三者交汇处证据因子范围内的深部块体模型,共计 7 176 个立方体单元块,占研究区内所有立方体单元块的 3.21%。

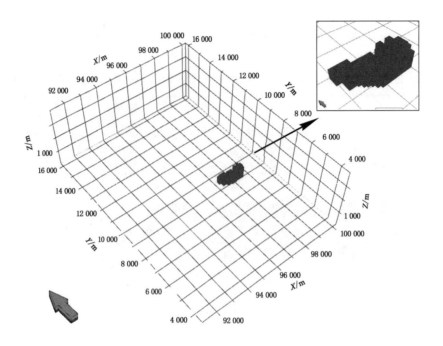

图 7-3 矿体三维块体模型

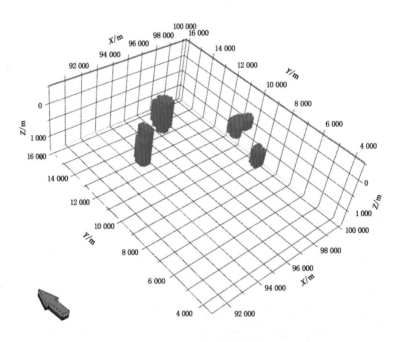

图 7-4 光华组火山断陷盆地边缘深部块体模型

③ 正长花岗岩、花岗质糜棱岩与光华组三者交汇处块体提取

根据矿体赋存状态可知,矿体主要赋存在正长花岗岩、花岗质糜棱岩两者接触部位,并且发育白垩纪火山岩带(光华组)。这说明三者与金矿有密切的空间关系。因此,选择正长

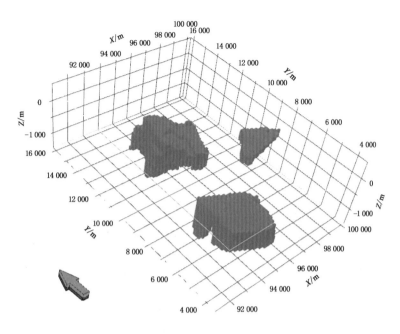

图 7-5　光华组与北西向和北东向断层交汇处块体模型

花岗岩、花岗质糜棱岩与光华组三者交汇处缓冲区 300 m 范围作为成矿预测的三维控矿证据因子。图 7-6 所示为三者交汇处证据因子范围内的深部块体模型，共计 20 909 个立方体单元块，占研究区内所有立方体单元块的 9.35％。

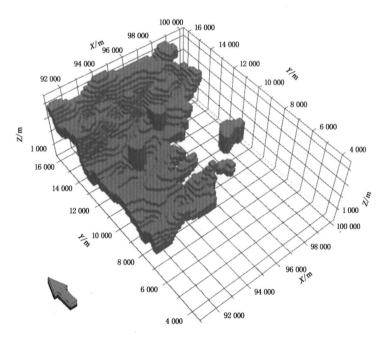

图 7-6　正长花岗岩、花岗质糜棱岩与光华组三者交汇处深部块体模型

④ 潜火山岩块体提取

矿区附近出露大量的潜火山岩(次火山岩体),前文已述,他们与成矿的关系密切,并且与矿体伴生出现,具有一定的找矿标志意义。因此,选择潜火山岩(次火山岩体)作为成矿预测的三维控矿证据因子。图 7-7 所示为潜火山岩(次火山岩体)证据因子范围内的深部块体模型,共计 13 899 个立方体单元块,占研究区内所有立方体单元块的 6.21%。

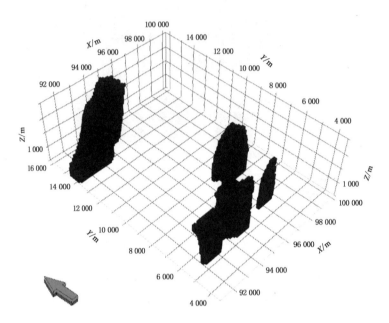

图 7-7 潜火山岩深部块体模型

⑤ 正长花岗岩与花岗质糜棱岩北东向接触带块体提取

根据矿体赋存状态可知,矿体赋存于晚石炭世正长花岗岩与晚石炭世糜棱岩北东向接触部位。因此,选择正长花岗岩与花岗质糜棱岩北东向接触部位 300 m 缓冲区作为成矿预测的三维控矿证据因子。图 7-8 所示为两者接触带证据因子范围内的深部块体模型,共计 14 758 个立方体单元块,占研究区内所有立方体单元块的 6.60%。

⑥ 断面缓冲带块体提取

区域上的多期次强烈的构造运动,使本区形成了众多控矿构造,NE 向压性构造及 NW 向张扭性断裂带控制了金矿的分布。结合重力物探解译结果,选择研究区内断面缓冲带 300 m 范围作为成矿预测的三维控矿证据因子。图 7-9 所示为断层缓冲带证据因子范围内的深部块体模型,共计 57 414 个立方体单元块,占研究区内所有立方体单元块的 25.67%。

⑦ 音频大地电磁测深(AMT)物探解译有利成矿带块体提取

经 AMT 物探解译分析得出,在研究区西部存在大量的破碎带,此破碎带与成矿密切相关。因此,选择物探解译的破碎带作为成矿预测的三维控矿证据因子。如图 7-10 所示为该破碎带证据因子范围内的深部块体模型,共计 18 224 个立方体单元块,占研究区内所有立方体单元块的 8.15%。

(4) 成矿有利因子统计

将每个成矿有利因子(证据因子)的块体所占网格数,块体含矿网格数进行统计,可得出

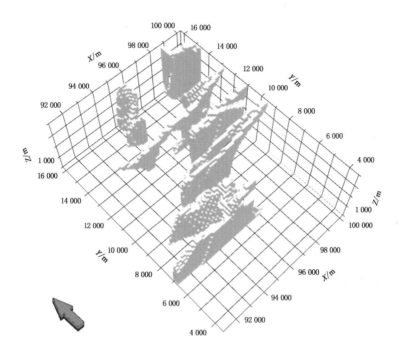

图 7-8　正长花岗岩与花岗质糜棱岩北东向接触带深部块体模型

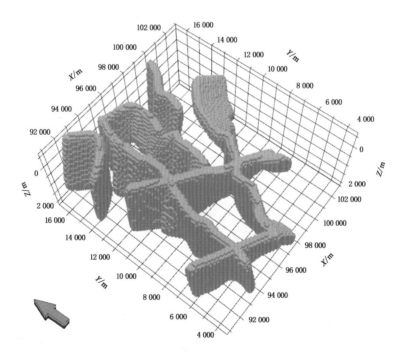

图 7-9　断面缓冲带深部块体模型

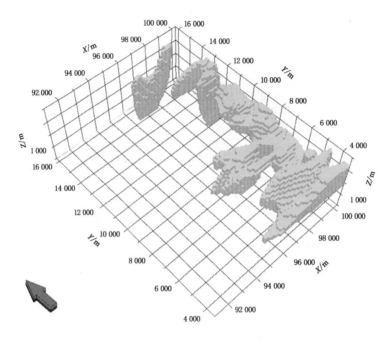

图 7-10　物探解译破碎带深部块体模型

音频大地电磁测深（AMT）物探解译有利成矿带，断面缓冲带、潜火山岩，光华组与北西向和北东向断层交汇处等证据因子与找矿预测模型的相关性相对较高。具体如表 7-5 所示。

表 7-5　深部找矿预测模型中证据因子块体比例统计表

证据因子名称	证据因子所占网格数	证据因子内含矿网格数	网格总数	证据因子占全区块体百分比
光华组火山断陷盆地边缘	1 204	12	223 703	0.54％
光华组与北西向和北东向断层交汇处	7 176	48	223 703	3.21％
正长花岗岩、花岗质糜棱岩与光华组三者交汇处	20 909	26	223 703	9.35％
断面缓冲带	57 414	18	223 703	25.67％
正长花岗岩与花岗质糜棱岩北东向接触带	14 758	35	22 3703	6.60％
潜火山岩	13 899	77	223 703	6.21％
AMT 物探解译有利成矿带	18 224	134	223 703	8.15％

（5）预测成果

① 找矿预测标志权重

对于提取的成矿有利因子（即证据因子或找矿预测标志），分别计算其正权重、负权重、综合权重和相对权重。由计算结果可见，提取的成矿有利因子与矿化空间的关联程度非常显著，所有的综合权重均大于 0.7，且都属于正相关关系。其中 AMT 物探解译有利成矿带与矿化空间的联系最为显著，其次是潜火山岩，从而映证了该区赋存金矿的主要地质事实。各个证据因子权重如表 7-6 所示。

表 7-6 深部找矿预测标志权重一览表

证据因子	正权重 W^+	负权重 W^-	综合权重 C_1	相对权重 C_2
光华组火山断陷盆地边缘	2.770 203	−0.083 60	2.853 804	0.185 756
光华组与北西向和北东向断层交汇处	2.368 099	−0.383 76	2.751 857	0.179 120
正长花岗岩、花岗质糜棱岩与光华组三者交汇处	0.680 090	−0.105 76	0.785 852	0.051 152
断面缓冲带	0.698 674	−0.160 13	0.858 800	0.055 900
正长花岗岩与花岗质糜棱岩北东向接触带	1.326 866	−0.217 20	1.544 062	0.100 504
潜火山岩	2.178 473	−0.726 06	2.904 530	0.189 058
AMT 物探解译有利成矿带	2.463 409	−2.918 47	5.381 880	0.350 310

② 后验概率计算

根据计算获得的权重值,利用三维证据权法对研究区空间内所有立方体单元的后验概率进行计算,后验概率的大小对应成矿概率的大小。在确定整个预测评价范围内的临界值(0.002)之后,后验概率大于临界值的地区即成矿远景区(找矿靶区)。其中,深部找矿预测模型的后验概率划分为 5 级,成矿概率值逐级增大。绘制得到的深部找矿预测模型的后验概率分布如图 7-11 所示。

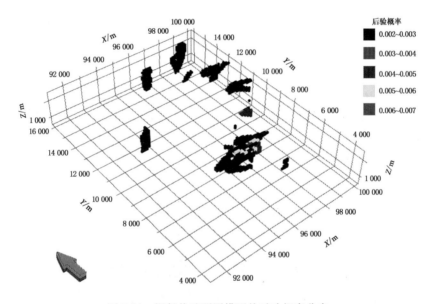

图 7-11 深部找矿预测模型的后验概率分布

2. 浅部找矿预测模型

在浅部找矿数字模型建立的基础上,将找矿模型与实体模型结合在一起,提取相应证据因子特征变量的特征值,以作为找矿预测模型定量计算的依据。在本次建立的研究区找矿预测模型中,从预测精度、成矿有利因子的影响范围及预测效果等方面进行综合分析。最终对成矿有利因子的特征变量进行了约束,限定了特征值的缓冲区。其中,在正长花岗岩与花岗质糜棱岩北东向接触带直接利用 400 m 以上实体,断面缓冲带的缓冲区为 300 m,具体见表 7-7。

表 7-7　浅部找矿预测模型

矿床类模型	控矿地质条件	成矿预测因子	证据因子	
			特征变量	特征值
浅成低温热液型金矿床	地层	有利成矿地层	光华组火山断陷盆地边缘	缓冲区 200 m,深度 400 m
			光华组与北西向和北东向断层交汇处	缓冲区 500 m,深度 400 m
			正长花岗岩、花岗质糜棱岩与光华组三者交汇处	缓冲区 300 m,深度 400 m
			正长花岗岩与花岗质糜棱岩北东向接触带	直接利用 400 m 以上实体
			潜火山岩	直接利用 400 m 以上实体
			AMT 物探解译有利成矿带	直接利用 400 m 以上实体
	构造	有利成矿构造	断面缓冲带	缓冲区 300 m,深度 400 m
	地球化学	有利成矿地球化学特征	金异常与银、砷、锑、铋等元素套合较好,尤其与银元素套合紧密	异常下限,各个证据因子值详见证据因子块体划分
	地球物理	有利成矿地球物理特征	相位激电测量视相位有利部位	相位激电测量视相位为 $1.2\% \sim 1.4\%$
			相位激电测量视电阻率有利部位	相位激电测量视电阻率为 $1\,200 \sim 2\,800\ \Omega \cdot m$
			高精度磁测 ΔT 异常有利部位	高精度磁测 ΔT 异常小于 160 nT

（1）研究区块体化模型

根据本次成矿预测的工作范围,确定三维建模和成矿预测研究区的范围和基本参数。预测研究区南北长度约为 9.1 km、东西长度约为 12.7 km、深度 0.4 km。根据预测精度和已知矿床的勘查程度,本次选定最小预测单元块的大小为 100 m×100 m×100 m。得到的研究区单元块总数共计 46 592 个。块体模型如图 7-12 所示。

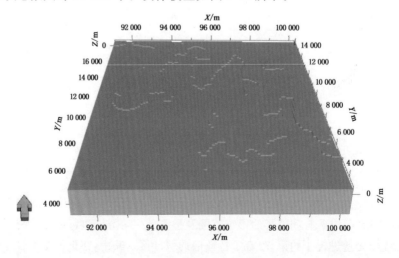

图 7-12　研究区整体三维块体模型

（2）矿体块体提取

根据永新矿体实体模型，构建了矿体块体模型。矿体作为找矿预测模型的已知条件，将矿体赋值到立方体单元块内，即有矿体立方体单元块赋值为 1，无矿体立方体单元块赋值为 0。如图 7-13 所示，矿体共有 442 个单元块。

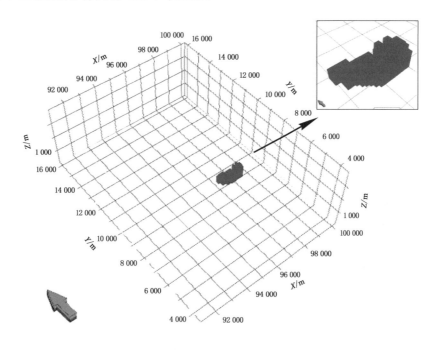

图 7-13　矿体三维块体模型

（3）成矿有利因子提取

① 光华组火山断陷盆地边缘块体提取

成矿有利因子提取的原则和方法与深部提取的一致，图 7-14 为提取的该证据因子浅部块体模型，共包括 746 个立方体单元块，占研究区内所有立方体单元块的 1.60％。

② 光华组与北西向和北东向断层交汇处块体提取

该成矿有利因子提取的原则和方法与深部提取的一致，图 7-15 为该证据因子浅部块体模型，共计 3 106 个立方体单元块，占研究区内所有立方体单元块的 6.67％。

③ 正长花岗岩、花岗质糜棱岩与光华组三者交汇处块体提取

该成矿有利因子提取的原则和方法与深部提取的一致，图 7-16 为该证据因子浅部块体模型，共计 4 643 个立方体单元块，占研究区内所有立方体单元块的 9.97％。

④ 潜火山岩块体提取

该成矿有利因子提取的原则和方法与深部提取的一致，直接利用 400 m 以上实体。图 7-17 为该证据因子浅部块体模型，共计 334 个立方体单元块，占研究区内所有立方体单元块的 0.72％。

⑤ 正长花岗岩与花岗质糜棱岩北东向接触带

该成矿有利因子提取的原则和方法与深部提取的一致，直接利用 400 m 以上实体。图 7-18 为该证据因子浅部块体模型，共计 1 191 个立方体单元块，占研究区内所有立方体

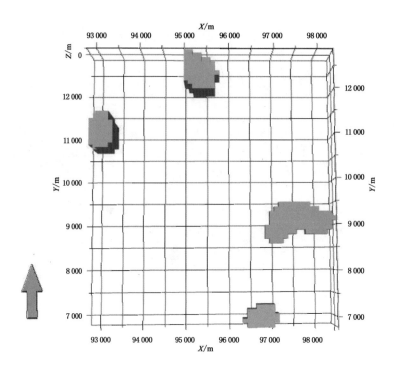

图 7-14　光华组火山断陷盆地边缘浅部块体模型

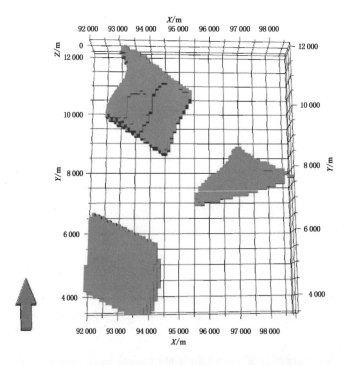

图 7-15　光华组与北西和北东断层交汇处浅部块体模型

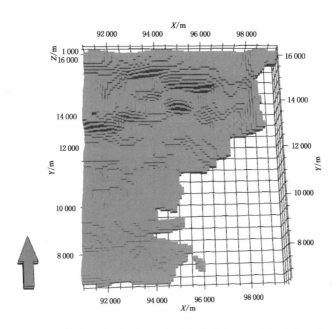

图 7-16　正长花岗岩、花岗质糜棱岩与光华组三者交汇处块体模型

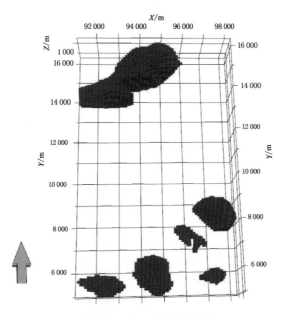

图 7-17　潜火山岩体块模型

单元块的 2.56%。

⑥ 音频大地电磁测深(AMT)物探解译有利成矿带

该成矿有利因子提取的原则和方法与深部提取的一致,直接利用 400 m 以上实体。图 7-19 为该证据因子浅部块体模型,共计 3 193 个立方体单元块,占研究区内所有立方体单元块的 6.85%。

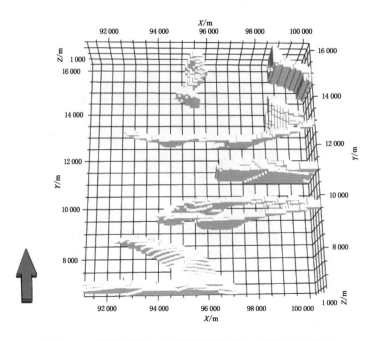

图 7-18　正长花岗岩与花岗质糜棱岩北东向接触带块模型

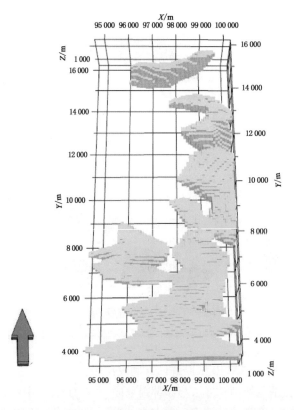

图 7-19　探解译破碎带块体模型

⑦ 断面缓冲带块体提取

该成矿有利因子提取为原则和方法与深部提取的一致,直接利用 400 m 以上实体。图 7-20 为该证据因子浅部块体模型,共计 12 284 个立方体单元块,占研究区内所有立方体单元块的 26.37%。

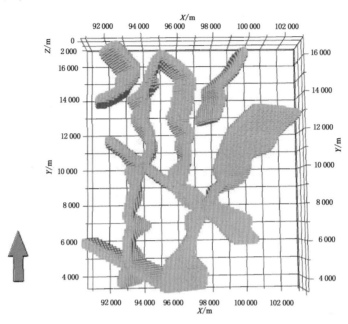

图 7-20　断面缓冲带块体模型

⑧ 地球化学异常特征

前文分析已经显示了在永新金矿区内,Au、Ag、As、Sb、Bi 五种元素与金矿密切相关。所以本次这五种元素且视为成矿有利因子,因而开展了成矿有利因子提取的工作。

a. Au 元素

经过属性模型建设后,在属性模型中提取 Au 元素异常值,异常值范围选定为 $3.5 \times 10^{-8} \sim 5.5 \times 10^{-8}$,Au 元素异常三维实体模型如图 7-21 所示。

Au 三维成矿信息提取后的 Au 元素异常三维块体模型如图 7-22 所示,属性块总共有 931 个单元块,占研究区内所有立方体单元块的 2.00%。

b. Ag 元素

经过属性模型建设后,在属性模型中提取 Ag 元素异常值(选定为 $5.0 \times 10^{-7} \sim 1.1 \times 10^{-7}$),Ag 元素异常三维实体模型如图 7-23 所示。

Ag 成矿信息提取后的 Ag 元素异常三维块体模型如图 7-24 所示,该模型总共有 966 个立方体单元块。占研究区内所有立方体单元块的 2.07%。

c. As 元素

经过属性模型建设后,在属性模型中提取 As 元素异常值(选定为 $2.5 \times 10^{-5} \sim 5.0 \times 10^{-5}$),As 元素异常三维实体模型如图 7-25 所示。

As 三维成矿信息提取后的 As 元素异常三维块体模型如图 7-26 所示,该模型总共有 5 370 个立方体单元块。占研究区内所有立方体单元块的 11.53%。

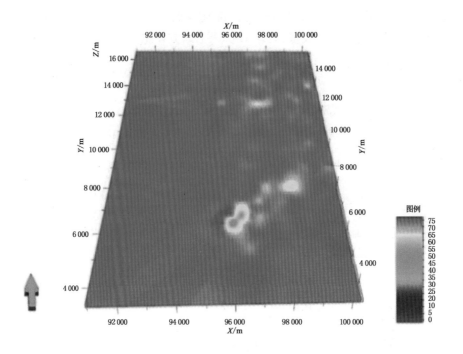

图 7-21　Au 元素异常三维实体模型

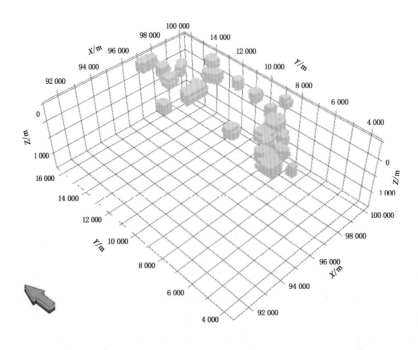

图 7-22　Au 元素异常三维块体模型

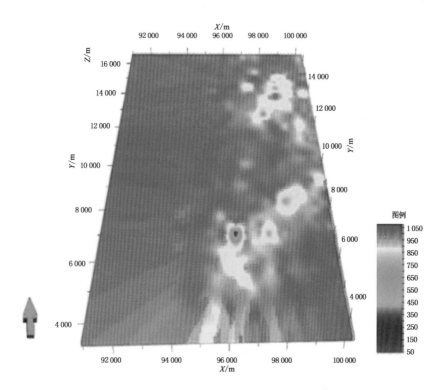

图 7-23　Ag 元素异常三维实体模型

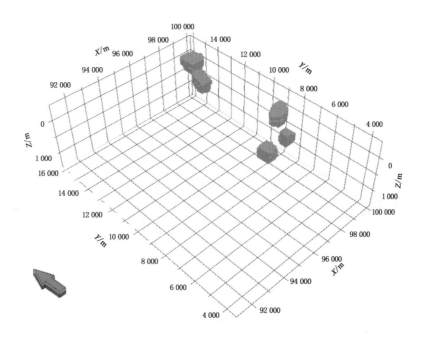

图 7-24　Ag 元素异常三维块体模型

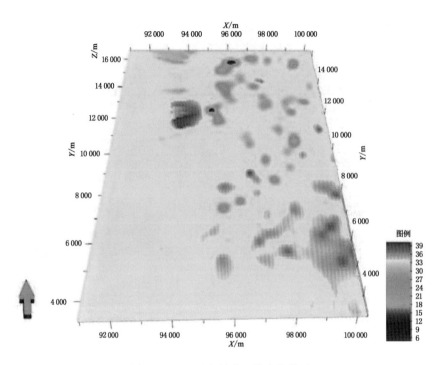

图 7-25　As 元素异常三维实体模型

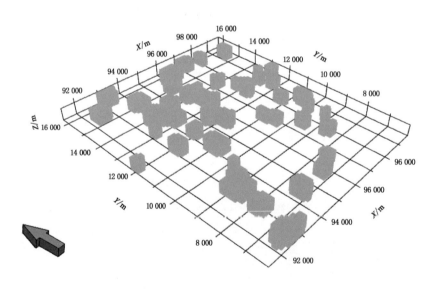

图 7-26　As 元素异常三维块体模型

d. Sb 元素

经过属性模型建设后，在属性模型中提取 Sb 元素异常值（选定为 $1 \times 10^{-6} \sim 4 \times 10^{-6}$），Sb 元素异常三维实体模型如图 7-27 所示。

Sb 成矿信息提取后的 Sb 元素异常三维块体模型如图 7-28 所示，该模型总共有 6 844 个立方体单元块。占研究区内所有立方体单元块的 14.69%。

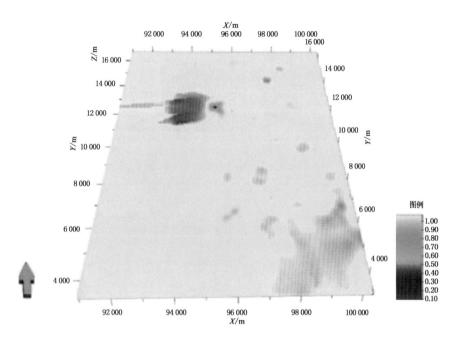

图 7-27　Sb 元素异常三维实体模型

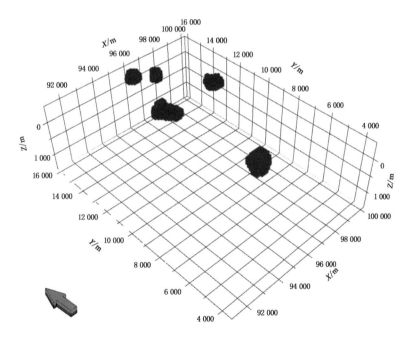

图 7-28　Sb 元素异常三维块体模型

e. Bi 元素

经过属性模型建设后，在属性模型中提取 Bi 元素异常值（$8 \times 10^{-7} \sim 2 \times 10^{-6}$），Bi 元素异常三维实体模型如图 7-29 所示。

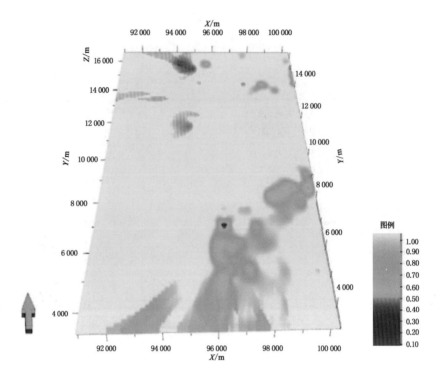

图 7-29　Bi 元素异常三维实体模型

　　Bi 三维成矿信息提取后的 Bi 元素异常三维块体模型如图 7-30 所示，该模型总共有 1 083 个立方体单元块。占研究区内所有立方体单元块的 2.32%。

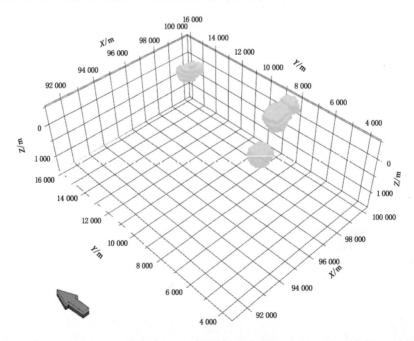

图 7-30　Bi 元素异常三维块体模型

⑨ 电性异常特征

根据前文研究,矿体位于中低视极化率梯度上(视极化率在 1.2%～1.4%之间)和中高视电阻率的梯度带上(视电阻率在 1 200～2 800 Ω·m 之间)。因此选择该区间作为成矿因子进行提取,其中视极化率成矿信息提取后的三维块体模型包括 758 个立方体单元块,占研究区内所有立方体单元块的 1.63%。视电阻率成矿信息提取后的三维块体模型包括 1 814 个立方体单元块。占研究区内所有立方体单元块的 3.89%。视极化率和视电阻率三维块体模型如图 7-31 所示。

⑩ 磁异常特征

根据研究区磁异常分布情况,认为异磁强度在－200～500 nT 之间对成矿最为有利,因此选择异磁强度在－200～500 nT 之间的区域为成矿预测的控矿证据因子,磁异常成矿信息提取后的三维块体模型包括 724 个立方体单元块。占研究区内所有立方体单元块的 1.56%,浅部磁异常三维块体模型如图 7-32 所示。

(4) 成矿有利因子统计

将每个成矿有利因子所占立方体单元块数及含矿立方体单元块数进行统计(表 7-8)。从表中可看出,断层缓冲带,正长花岗岩、花岗质糜棱岩与光华组三者交汇处,As、Sb 元素所占比例比较高(为了预测靶区具有实际意义,所以 Au 和 Ag 提取区间选择较宽),这说明它们与找矿预测模型的相关性相对较高。

表 7-8　浅部预测模型成矿有利因子块体比例统计表

成矿有利因子	成矿有利因子所占立方体单元块数	成矿有利因子含矿立方体单元块数	模型立方体单元块总数	成矿有利因子所占立方体单元块数占模型立方体单元块总数的百分比
正长花岗岩、花岗质糜棱岩与光华组三者交汇处	4 643	25	46 592	9.97%
光华组与北西向和北东向断层交汇处	3 016	51	46 592	6.67%
光华组火山断陷盆地边缘	746	13	46 592	1.60%
潜火山岩	334	71	46 592	0.72%
正长花岗岩与花岗质糜棱岩北东向接触带	1 191	26	46 592	2.56%
AMT 物探解译有利成矿带	3 193	110	46 592	6.85%
断面缓冲带	12 284	20	46 592	26.37%
磁异常	724	30	46 592	1.56%
视极化率	758	30	46 592	1.63%
视电阻率	1 814	85	46 592	3.89%
Au 元素	931	27	46 592	2.00%
Ag 元素	966	33	46 592	2.07%
As 元素	5 370	31	46 592	11.53%
Sb 元素	6 844	57	46 592	14.69%
Bi 元素	1 083	24	46 592	2.32%

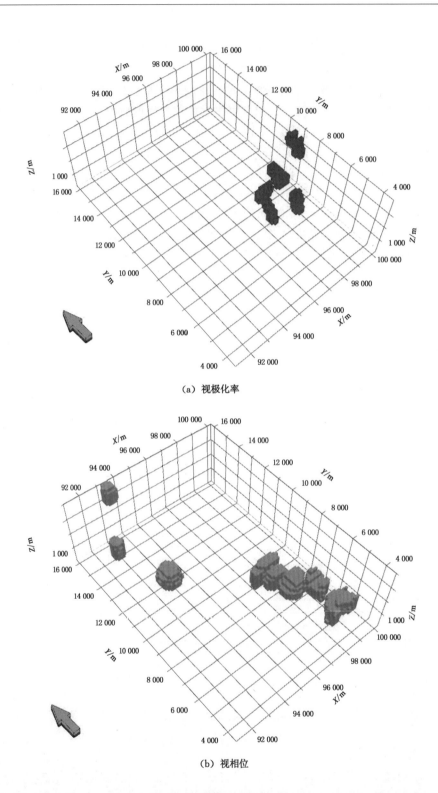

（a）视极化率

（b）视相位

图 7-31　视电阻率及视相位异常三维块模型

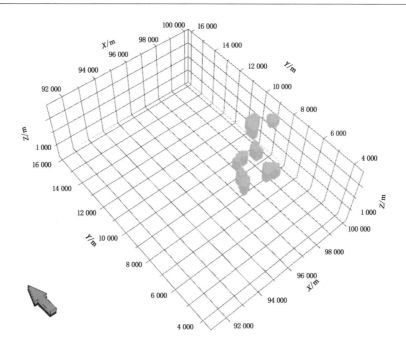

图 7-32　浅部磁异常三维块体模型

（5）预测成果

① 找矿预测标志权重

对提取的证据因子分别计算其正权重、负权重、综合权重和相对权重。计算结果显示，提取的证据因子与矿化空间的关联程度非常显著，综合权重基本都大于 1.0，仅有个别小于 1.0，但都属于正相关关系。其中 AMT 物探解译有利成矿带和潜火山岩与矿化空间的联系最为显著。各个因子权重如表 7-9 所示。

表 7-9　浅部证据因子权重一览表

证据因子	正权重 W^+	负权重 W^-	综合权重 C_1	相对权重 C_1
光华组火山断陷盆地边缘	1.987 172	−0.106 321	2.093 493	0.044 823
光华组与北西向和北东向断层交汇处	1.956 561	−0.534 336	2.490 897	0.053 332
正长花岗岩、花岗质糜棱岩与光华组三者交汇处	0.800 527	−0.145 405	0.945 932	0.020 253
断面缓冲带	0.399 323	−0.111 548	0.510 871	0.010 938
正长花岗岩与花岗质糜棱岩北东向接触带	2.216 988	−0.236 095	2.453 084	0.052 522
潜火山岩	4.709 894	−0.984 044	5.693 937	0.121 912
AMT 物探解译有利成矿带	2.686 190	−3.560 142	6.246 332	0.133 739
磁异常	2.878 093	−0.293 503	3.171 597	0.067 906
视极化率	2.830 264	−0.292 760	3.123 025	0.066 866
视电阻率	3.006 721	−1.357 274	4.363 995	0.093 437
Au 元素	2.508 376	−0.253 399	2.761 775	0.079 166
Ag 元素	2.677 47	−0.325 083	3.002 554	0.064 287

表 7-9（续）

证据因子	正权重 W^+	负权重 W^-	综合权重 C_1	相对权重 C_1
As 元素	0.870 562	$-0.198\ 649$	1.069 211	0.030 649
Sb 元素	1.239 655	$-0.544\ 185$	1.783 840	0.051 134
Bi 元素	2.227 631	$-0.215\ 593$	2.443 225	0.070 035

② 后验概率计算

根据计算获得的权重,利用三维证据权法对研究区空间内所有立方体单元块的后验概率进行计算,后验概率的大小对应成矿概率的大小,在确定整个预测评价范围内的临界值(0.001 5)之后,后验概率大于临界值的地区即成矿远景区(找矿靶区)。其中浅部找矿预测模型后验概率划分为 5 级,成矿概率逐级增大。圈定出 7 处浅部成矿远景区,绘制得到的浅部预测模型的后验概率分布如图 7-33 所示。

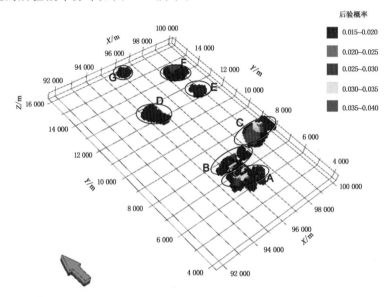

图 7-33　浅部预测模型的后验概率分布

7.2　深部找矿靶区圈定与评价

7.2.1　找矿靶区圈定原则

逐步分级原则:由于矿床分布具有在时间和空间上集中分布的特点,所以在圈定找矿靶区时,应根据工作程度和成矿前景的不同,逐级划分成矿远景区及找矿靶区。

相似类比原则:要充分利用研究区典型矿床的研究成果,并总结成矿模式,要以成矿有利构造部位、成矿有利条件和预测标准为依据来圈定和评价找矿靶区。

求异原则:往往国内外大型或超大型矿床具有独特性,所以在成矿预测上完全依靠相似类比往往预测效果不佳。因而要运用综合找矿信息法,将所有的成矿地质条件及矿致异常汇总分析,如要分析地质、地球物理及地球化学以及其他相关异常来指导靶区圈定。要辩证地分析,求同求异要在类比中求异、在求异中类比。在圈定找矿远景区及找矿靶区时,除了要寻找与已知矿床类型相同的矿床外,还要兼顾其他矿致异常,寻找其他不同类型的矿床。

综合信息评价原则:首先要以地质信息为前提,将地质信息作为圈定找矿靶区的基础。同时以叠合物探、化探、钻探、遥感等综合信息为评价原则来圈定和筛选找矿靶区。对各类综合信息所提取的成矿有利因子,在优化上要进行综合评价,各类成矿有利条件合理组合,才能使靶区预测更加合理和科学,从而取得最佳效果。

7.2.2　深部找矿靶区圈定

首先,在建立好研究区的证据因子权重模型后,就可以计算各个成矿有利因子的成矿有力度(后验概率)。其次,根据区内不同成矿有利因子的后验概率的不同及分布,并通过后验概率单元频数曲线求拐点的方法(Raines,1999;Boleneus et al.,2001),确定研究区成矿预测模型证据因子权重的临界值。本次确定的临界值为 0.002,大于此临界值的区域即深部找矿靶区,并据此作出该区的深部找矿靶区预测图。最后,根据此预测结果对研究区深部成矿远景区进行优选和评价,使最大限度地缩小靶区面积,以提高后期钻探验证时的见矿命中率和找矿效率。

利用上述深部找矿靶区圈定的原则和方法,在本次研究区(100 km²)内,在详细的典型矿床研究成果的基础上,以及结合研究区自身的独特地质特征、所处的物化探背景等信息的综合,同时依据对成矿有利条件的分析和提取,最终在研究区内圈定了 8 处深部找矿靶区,具体见图 7-34。

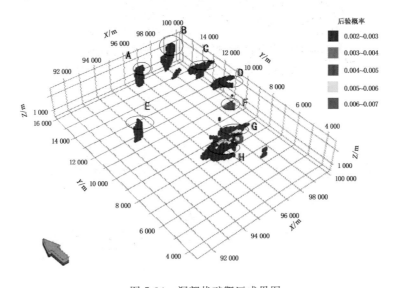

图 7-34　深部找矿靶区成果图

将圈定的 8 处深部找矿预测靶区与深部地质背景,物探、化探、遥感等综合信息叠加显示(图 7-35、图 7-36),可得出每个深部找矿靶区的坐标、深度、标高等基础信息,还能总结出8 处深部找矿靶区所处的地质、物探、化探等综合信息(表 7-10)。

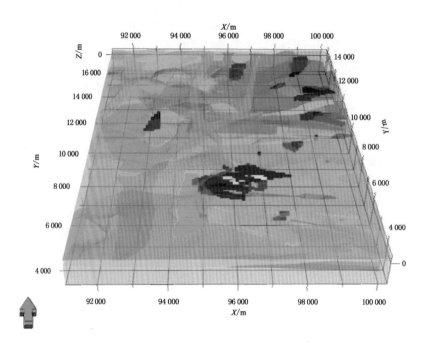

图 7-35　深部找矿靶区与地质模型叠加显示的效果图

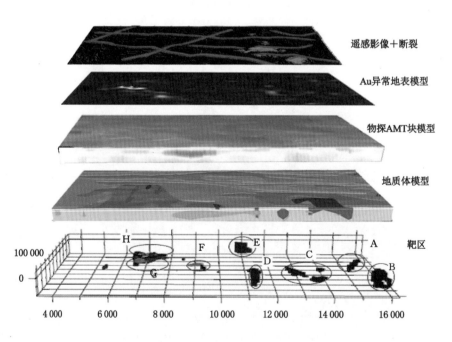

图 7-36　深部找矿靶区综合信息剖析图

表 7-10　深部找矿靶区综合信息统计一览表

靶区	坐标		埋深/m	标高/m	体积/km³	地质情况
	X	Y				
A	280 277.1	5 519 694.3	801.22	−385.03	0.088	断层、破碎带交界处
B	282 875.1	5 520 075.4	964.48	−483.16	0.336	断层、破碎带、岩体三者交接部位
C	283 275.0	5 517 870.5	813.90	−337.84	0.144	破碎带、岩体交接部位
D	283 132.0	5 515 571.3	423.35	16.84	0.286	断层、破碎带、岩体交接部位
E	276 975.2	5 515 512.3	534.30	−81.29	0.123	火山-次火山岩、断层
F	281 764.9	5 513 530.3	169.30	267.77	0.005 6	火山-次火山岩、断层、破碎带、岩体交接部位
G	280 050.2	5 511 675.0	219.76	218.71	0.542	火山-次火山岩、断层、破碎带、岩体交接部位
H	279 118.2	5 511 395.2	405.69	−33.17	0.486	破碎带、岩体交接部位

靶区	物探情况			化探情况				
	相位激电测量 视相位/mrad	相位激电测量 视电阻率/（Ω·m）	高精度磁测 ΔT 异常/nT	Au（10⁻⁹）	Ag（10⁻⁹）	As（10⁻⁶）	Sb（10⁻⁶）	Bi（10⁻⁶）
A	（3～5）	（150～250）	（−400～−130）	1.1	75.25	17.18	0.65	0.35
B	（4～9）	（150～400）	（−150～500）	0.63	83.75	11.53	0.57	0.30
C	（4～16）	（750～1 200）	（0～90）	1.07	136.86	10.69	0.58	0.36
D	（2～12）	（250～1 200）	（−190～70）	1.05	114.67	9.03	0.50	0.31
E	（4～4）	（150～500）	（260～350）	0.90	57.00	9.30	0.55	0.34
F	（2～6）	（150～600）	（−150～−80）	0.75	80.00	10.30	0.49	0.31
G	（5～11）	（250～1 500）	（−200～150）	5.43	206.44	11.04	0.70	0.46
H	（4～10）	（450～750）	（−500～150）	1.04	100.80	8.50	0.73	0.33

7.2.3 深部找矿靶区优选与评价

找矿靶区优选是成矿预测至关重要的工作内容,是最直接体现成矿预测研究成果的表现形式。找矿靶区优选的准确性直接对后续靶区的验证起决定性、关键性的作用。找矿靶区优选最重要的环节是对所圈定的靶区进行客观的评价,评价每个靶区之间相对的成矿可能性大小,并对找矿靶区进行优劣排序(即找矿靶区的分级),从而指导下一步找矿靶区的验证工作。找矿靶区优选的主要方法一般包括经验类比法、综合信息法和数字模型法等,在具体工作中,这三种方法可以相互结合来进行成矿靶区的优选。

本次找矿靶区优选基于上述相结合的三种方法,引进了靶区强度(Q)的概念。对于圈定的深部找矿靶区,如何对其作出定量的评价,同时考虑如何评价在同一深度、同一成矿条件下的深部靶区的优劣。为此,引进靶区强度这一指标来定量地评价在同一深度、同一成矿条件下的深部靶区成矿概率的大小。

$$深部找矿靶区强度(Q_1) = 靶区体积(V_1) \times 靶区后验概率平均值(P_1) \qquad (7\text{-}12)$$

在本次研究中,运用同样的预测方法和技术路线,同时建立研究区深部和浅部找矿预测模型,并将浅部与深部找矿预测模型进行对比研究,主要目的是用浅部预测模型来对深部预测模型进行优选和评价。黑龙江省以往对金矿床的研究成果显示,黑龙江省的金矿基本都是根据地表异常而发现。因此,本次预测工作坚持的评价原则是不能只谈深部、不谈浅部。即在靶区优选和评价上,不能完全忽略浅部对深部的影响,而单一地评价深部预测成果。通过浅部预测模型和深部预测模型的对比研究,可以对靶区强度相同、深度不同的找矿靶区进行优劣评价。本次提出浅部预测模型对深部靶区优选的影响系数 K 的计算方式,研究区预测深度范围是 $0 \sim 1\,500$ m,根据研究区见矿情况、成矿地质条件和专家打分等的综合分析,按照表达较为直观、易操作的原则,提出:

$$K = \frac{1}{2^N} \qquad (7\text{-}13)$$

即将 $0 \sim 1\,500$ m 划分成 6 个深度区间,区间间值为 250 m,其中 $N=1(0 \sim 250$ m)表示地表异常特征对深部靶区优选的影响系数最高(为 0.5),以此类推,具体见表 7-11。

表 7-11　浅部预测模型对深部靶区优选的影响系数

预测靶区深度/m	影响系数 K
$0 \sim 250$	0.50
$250 \sim 500$	0.25
$500 \sim 750$	0.13
$750 \sim 1\,000$	0.06
$1\,000 \sim 1\,250$	0.03
$1\,250 \sim 1\,500$	0.02
$1\,200 \sim 1\,500$	0.01

基于上述分析,确定了深部找矿靶区强度的计算公式(靶区强度 $Q =$ 深部强度 $Q_1 + K \times$ 浅部强度 Q_2),并以上述评价方式对深部找矿靶区进行排序和优选,再结合深部找矿靶区的

地质、物探、化探、遥感等成矿地质背景，优选出靶区 G 为最优（一级）靶区，靶区 H 为次级（二级）靶区，靶区 B、C、D 为三级靶区，靶区 A、E、F 为四级靶区（表 7-12）。

表 7-12　深部找矿靶区特征排序表

靶区	深部平均后验概率	深部体积/km³	深部规模	浅部体积/km³	浅部平均后验概率	浅部规模	靶区深度/m	浅部影响系数	靶区规模
G	0.006 7	0.486	3.256 2	0.968	0.037	35.816	219.76	0.50	21.164 2
H	0.004 7	0.542	2.547 4	0.562	0.028	15.736	405.69	0.25	6.481 4
D	0.002 5	0.286	0.715 0	0.146	0.016	2.336	423.35	0.25	1.299 0
B	0.002 4	0.336	0.806 4	—	—	—	964.48	0.06	0.806 4
C	0.002 6	0.144	0.374 4	0.387	0.016	6.192	813.90	0.06	0.745 9
A	0.002 5	0.088	0.220 0	0.124	0.015	1.860	801.22	0.06	0.331 6
E	0.002 6	0.123	0.319 8	—	—	—	534.30	0.13	0.319 8
F	0.004 5	0.006	0.025 2	—	—	—	169.30	0.50	0.025 2

7.2.4　深部找矿靶区验证情况及资源量预测

（1）靶区预测评价

本次在研究区内圈定了 8 处深部找矿靶区。其中，全区已知的永新金矿床位于本次圈定的最优靶区 G 的范围内。同时，见矿深度和预测深度也基本吻合。这证明本次预测结果及对成矿有利因子的提取可靠有效，具有一定的找矿指导意义。从 8 处深部找矿靶区来看，最优靶区 G 与已知矿体重叠，而全区次级靶区 H 位于靶区 G 的西南方向，预测深度较 G 区深约 200 m，这一现象说明未来永新金矿的找矿方向是已查明矿体的西南方向，很有可能在已查明金矿体的西南方向具有存在较厚隐伏金矿体的可能。后期通过进一步勘查工作，在永新金矿床的西南方向发现了较厚隐伏金矿体，与预测结果基本吻合，从而说明了本次研究圈定的深部找矿靶区具有一定的勘查意义，能够很好地指导下一步的勘查部署工作。

（2）靶区验证

本次圈定的 8 处深部找矿靶区大致呈北东向展布，而且具有越往北东方向，成矿靶区深度越大的规律，这一规律与前文深部物探解译特征基本一致，指示了越往北东方向越具有赋存深部矿体的可能性。基于上述分析，并详细对 8 处深部找矿靶区进行综合评价，发现已知永新金矿床深部与 7 号音频大地电磁测深圈定的成矿有利地带关系密切，且位于花岗质糜棱岩和正长花岗岩接触部位；而靶区 C 存在 24 号音频大地电磁测深圈定的成矿有利地段，地质背景同样位于花岗质糜棱岩和正长花岗岩接触部位，虽然地表未发现任何矿化信息，但推测深部具有成矿可能性。因此，本次选择在靶区 C 开展深部靶区验证工作，在 790 线 1 780 点布设深部验证钻孔一个（ZK790-1），钻孔施工的终孔深度为 1 001.01 m，该孔初见厚约 120 m 的火山角砾岩，深部以强硅化的花岗质糜棱岩为主，并穿插闪长玢岩脉和宽度不一的石英脉。在约 420 m 深度处，花岗质糜棱岩硅化较强，并且发育较强的黄铁矿化；在 1 000 m 深度处，岩性变得较为复杂，多为花岗质糜棱岩和闪长玢岩脉互层，其中，在闪长玢岩脉中见有较弱的黄铁矿化。该孔中所见的岩石类型和厚度与物探推断解译基本吻合。后期测试样品的采集和分析显示,在该孔 276.5～277.5 m 深度处,发现了 1 m 厚的石英脉,金品位为 0.62 g/t,银品位为 25.88 g/t;在 640.6～645.6 m 深度处,发现了 5 m 厚的强硅化花岗质糜棱岩,金品位为 0.52 g/t(光谱样品);在 714.1～719.1 m 深度处,发现了 5 m 厚的强硅化花岗质糜棱岩,金品位为 0.19 g/t(光谱样品);在 751.0～766.0 m 深度处,发现 15 m 厚的强硅化花岗质糜棱岩,金平均品位为 0.90 g/t(光谱样品);在 941.0～946.0 m 深度处,见 3.5 m 厚的闪长玢岩,金品位为 0.12 g/t(光谱样品);在 974.5～978.0 m 深度处,见 3.5 m 厚的闪长玢岩,金品位为 0.26 g/t(光谱样品)。综上所述,在靶区 C 的深部虽然未发现品位较高的工业金矿体,但多处显示出矿化信息,尤其是在 750～766 m 深度处,具有较强的矿化显示,这与本次的深部预测结果基本吻合,同样证明了本次预测的准确性和可靠性。因此,本次圈定的其他几个地表尚未发现金矿体的深部找矿靶区均是下一步深部找矿勘查的重点区。本次研究成果可为研究区下一步深部找矿提供理论依据和布置建议。

(3)资源量预测

本次研究利用三维可视化预测模型和证据权法对研究区圈定的深部找矿靶区进行了资源量预测。主要根据已知矿床的体积、资源量和后验概率采用类比法粗略计算,得出了深部找矿靶区的预测资源量。其中,靶区 A 的金资源量为 1 568.34 kg;靶区 B 的金资源量为 1 505.61 kg;靶区 C 的金资源量为 1 631.08 kg;靶区 D 的金资源量为 1 568.34 kg;靶区 E 的金资源量为 1 631.08 kg;靶区 F 的金资源量为 2 823.02 kg;靶区 H 的金资源量为 2 948.48 kg;靶区 G 的金资源量为 4 203.16 kg。合计的靶区金资源量为 17 879.11 kg(表 7-13)。综上所述,研究区深部仍具有较为可观的找矿潜力,本次研究工作实现了研究区深部找矿靶区的定位、定量评价。

表 7-13　靶区金资源量评价一览表

靶区编号	平均后验概率	靶区的金资源量/kg
A	0.002 5	1 568.34
B	0.002 4	1 505.61
C	0.002 6	1 631.08
D	0.002 5	1 568.34
E	0.002 6	1 631.08
F	0.004 5	2 823.02
H	0.004 7	2 948.48
G	0.006 7	4 203.16
合计	—	17 879.11

7.2.5　三维地质模型实际应用

在本次三维建模工作中,建立了研究区内的地质、矿体、物探、化探等实体模型。建立的实体模型为最终圈定深部找矿靶区提供了依据。此外,还可以借助三维建模平台开展各种模型的应用。这不仅使该区地质结构、各地质要素间相互关系及物探和化探背景有一个三维可视化概念,还可以通过三维平台完成大量方便、快捷和实用的操作。相对于二维平面图形所显示的内容,三维地质模型具有明显的优势。

(1) 地质模型揭层及属性查询

研究区三维地质模型构建后,可以通过对已建立好的地质模型中各地质要素进行查询。查询内容包括其地质体的面积、体积、厚度以及产状等。同时,可以将每种地质体进行揭层显示,显示内容包括地质体形态特征、延伸趋势以及地质体之间的相互覆盖关系等(图 7-37)。

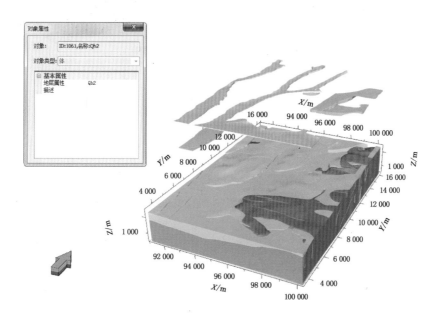

图 7-37 三维实体模型属性查询效果图

(2) 地质模型切片分析

可以对已建立好的研究区三维地质模型开展切片分析。其中,切片分析的类型包括栅栏图、水平切片、任意切片和路径切片等。通过切片分析,能够更加可视化、全方位地了解研究区的地质及地球物理等特征(图 7-38)。

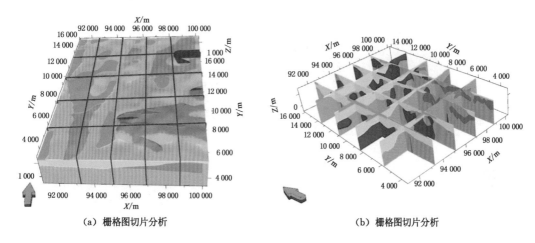

(a) 栅格图切片分析　　　　　　(b) 栅格图切片分析

图 7-38 三维实体模型切片分析效果图

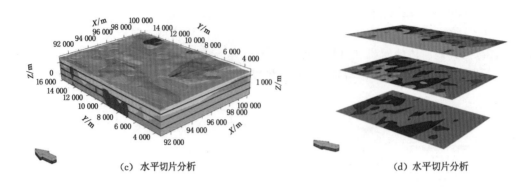

(c) 水平切片分析　　　　　　　　　　(d) 水平切片分析

图 7-38(续)

（3）切割分析

可以对已建立的三维地质模型开展切割分析。切割分析类型可选择简单切面和自定义切面，还可以开展图切剖面分析。图切剖面线可以是直线，也可以是任意曲线。系统可以直接生成标准的图切剖面图，这比传统手工绘制剖面图更加便捷，极大节省了时间成本，提高了工作效率（图 7-39）。

（4）隧道模拟

可以对已建立的三维地质模型开展隧道建设及漫游模拟。已建立的三维地质模型，可以根据任意方向、任意直径大小建立隧道模型，并且可进行隧道漫游模拟，观察隧道中所见到的地质情况，仿真模拟巷道，可以运用到后期巷道建设等方面，从而具有操作灵活和建设可视化的特点（图 7-40）。

（5）虚拟钻孔分析

可以对已建立的三维地质模型中任意一点或多点，生成虚拟钻孔柱状图。该功能可以在任意处点击生成虚拟钻孔，同时生成钻孔的分层信息，并自动生成与模型相匹配的图例（显示在钻孔轨迹上）。生成的虚拟钻孔除用于地质研究，还可以充当设计钻孔柱状图，直接用于指导实际钻探工作，从而大大减轻了工作强度，提高了工作效率（图 7-41）。

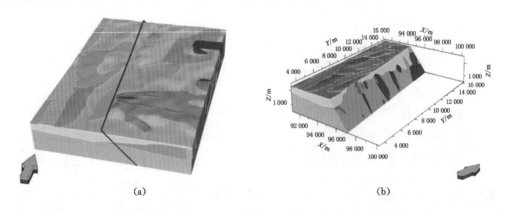

(a)　　　　　　　　　　　　　　　　(b)

图 7-39　三维实体模型切割分析效果图

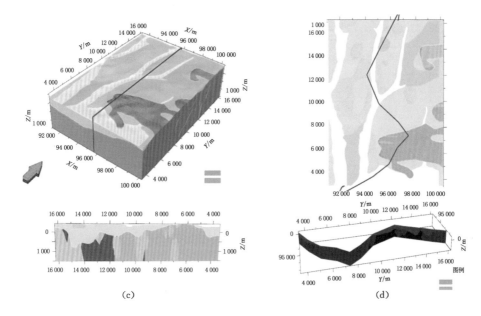

(c)

(d)

图 7-39(续)

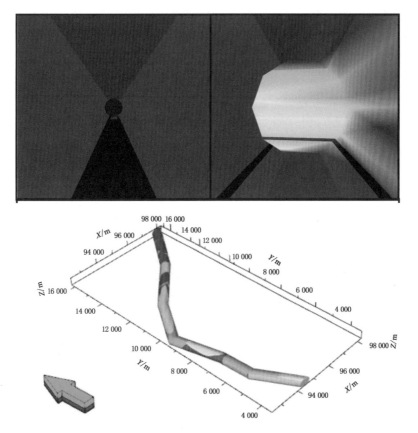

图 7-40　三维实体模型隧道模拟及漫游效果图

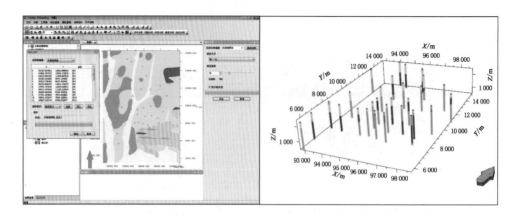

图 7-41 三维实体模型中的虚拟钻孔效果图

第8章　结　语

　　本书基于黑龙江黑河地区永新金矿区已取得的地质、物探、化探、遥感、矿体等各类资料,选择该区大型永新金矿床开展了系统的野外地质调研。通过矿床地质特征、流体包裹体、成岩成矿年代学、与成矿密切相关的火山-次火山岩的岩石地球化学和矿石 S-Pb-H-O 同位素等方面的系统研究,深入探讨了永新金矿床成矿流体性质和成矿物质来源、矿床成因以及成岩成矿动力学背景,总结了成矿特征及找矿标志,建立了永新金矿床"三位一体"综合找矿预测模型。结合深部物探(音频大地电磁测深、重力测量、重磁剖面测量)等工作,运用三维地质建模软件建立了永新金矿区及金矿床三维地质模型和矿体模型。以三维成矿预测理论与方法为指导,对永新金矿区进行了外围及深部成矿预测,圈定了外围及深部找矿靶区,并对找矿靶区开展了深部找矿验证及资源量预测工作,提出了研究区下一步深部找矿勘查的具体位置,从而实现了深部找矿靶区的优选和定位、定量评价。取得的主要成果和认识如下:

　　(1) 矿床地质特征研究:该矿床主要赋存在晚石炭世正长花岗岩与花岗质糜棱岩接触部位的热液角砾岩体中及其附近,矿体主要呈透镜状和脉状等形式产出。主要矿石类型以热液胶结角砾岩型为主;矿石矿物主要包括自然金、黄铁矿、闪锌矿、方铅矿和少量的黄铜矿等;自然金主要分为可见金和不可见金两种类型,前者主要赋存于石英脉或黄铁矿晶体裂隙中,后者主要以纳米级的 Au^0 或固溶体 Au^+ 的形式赋存于含金的黄铁矿中;脉石矿物主要是石英、钾长石、绢云母、绿泥石、方解石和绿帘石等;围岩蚀变类型主要包括钾长石化、硅化、绢云母化,高岭石化、绿泥石化和碳酸盐化等;成矿过程划分为石英-钾长石、灰色石英-黄铁矿、灰黑色石英-多金属硫化物和石英-方解石四个成矿阶段。

　　(2) 成岩成矿年代学研究:通过对矿区内与成矿关系密切的火山-次火山岩开展的单颗粒锆石 U-Pb 定年和对主成矿阶段的含金黄铁矿开展的 Rb-Sr 同位素测年工作揭示,矿区火山喷发主要发生在 120~112 Ma,成矿发生在(107±4)Ma,成岩成矿均形成于早白垩世。

　　(3) 岩石地球化学研究:通过对矿区内与成矿有成因联系的火山-次火山岩进行地质、岩相学、岩石地球化学和 Sr-Nd-Pb-Hf 同位素分析的研究揭示,该火山-次火山岩为一套钙碱性-高钾钙碱性岩石系列,以富集轻稀土元素和大离子亲石元素而亏损高场强元素为特征;其岩浆作用发生在中生代早白垩世活动大陆边缘的岩浆弧环境下,首先由俯冲洋板片脱水释放的流体交代上覆地幔楔(发生部分熔融)形成深成岩浆,并在上升侵位过程中在壳幔边界形成新生下地壳,新生下地壳与持续底侵深成幔源岩浆混合而部分熔融形成。

　　(4) 成矿流体性质及成矿物质来源研究:通过对永新金矿床开展的 S-Pb-H-O 同位素分析、流体包裹体分析、载金黄铁矿的 REE 及其与围岩的对比分析揭示,成矿流体为低盐度且相对含 Cl 的弱还原性流体,流体成分以 H_2O 为主,有少量的 CO_2 存在,基本不含有 CH_4 和 H_2,主要来自大气降水,并与围岩发生了明显的水-岩反应;成矿物质来源与矿区赋矿的火山-次火山岩的关系密切,具有成因联系。

(5) 矿床成因及成矿模式研究:在典型矿床研究基础上,结合区域矿床对比分析,确定了永新金矿床为低硫化浅成低温热液型矿床,它形成于区域性伸展构造背景下,与古太平洋板块俯冲回撤的动力学背景有关。最终建立了永新金矿床"三位一体"综合找矿预测模型,总结了成矿地质体、成矿结构面及成矿作用特征(成矿有利因子)在时间和空间上对成矿的制约规律,从而为后续开展三维地质建模及成矿预测奠定了基础。

(6) 三维地质建模研究:在上述研究的基础上,运用区域综合调查、深部物探(音频大地电磁测深 AMT、重力及重磁联合剖面)等技术相互约束、相互校正解译的方法,构建了永新金矿区及永新金矿床的三维地质模型和矿体模型,从而揭示了研究区的深部地质变化规律和各成矿地质条件间的相互关系,实现了永新金矿区 -1 500 m 以浅深度范围内的地质结构的透明化及永新金矿床地质及矿体的可视化,这为下一步开展深部找矿预测和靶区的圈定工作提供了模型基础。

(7) 找矿预测及靶区圈定研究:通过采用浅部和深部、二维和三维建模相结合的找矿预测方法,基于典型矿床研究成果和三维地质建模,以找矿预测模型为指导,提取成矿有利因子,并运用证据权法,建立了浅部和深部预测模型,圈定了浅部找矿靶区 7 处、深部找矿靶区 8 处,从而为该区下一步外围及深部找矿提供了勘查依据。

(8) 靶区优选和评价研究:通过浅部与深部找矿靶区的对比研究,并结合对深部预测靶区成矿地质条件的综合分析,对圈定的 8 处深部找矿靶区进行了优选和评价。优选出靶区 G 为最优(一级)靶区,靶区 H 为次级(二级)靶区,靶区 B、C、D 为三级靶区,靶区 A、E、F 为四级靶区。

(9) 靶区验证及资源量预测研究:通过对深部找矿靶区开展的深部钻孔验证,在靶区 C 发现了多处矿化信息。尤其是在 750~766 m 深度处,金矿的平均品位为 0.90 g/t,具有较强的矿化显示,这一结果与本次深部预测的深度基本吻合,从而验证了本次预测的准确性和可靠性。同时对圈定的深部找矿靶区进行了资源量估算,预测的深部金资源量共计 17 879.11 kg。最终结合研究成果,提出了研究区下一步深部找矿的勘查思路和具体勘查施工位置,从而实现了深部成矿预测靶区的定位、定量评价。

参 考 文 献

[1] AGTERBERG F P,BONHARN-CARTER G F,1994. Weights of evidence modeling and weighted logistic regression for mineral potential mapping[M]//Computers in geology:25 years of progress. [S. l.]:Oxford University Press.

[2] ALLÈGRE C J,MINSTER J F,1978. Quantitative models of trace element behavior in magmatic processes[J]. Earth and planetary science letters,38(1):1-25.

[3] BAJWAH Z U,SECCOMBE P K,OFFLER R,1987. Trace element distribution,Co/Ni ratios and genesis of the big cadia iron-copper deposit,new south Wales,Australia[J]. Mineralium deposita,22(4):292-300.

[4] BARRY T L,KENT R W,1998. Cenozoic magmatism in Mongolia and the origin of central and east Asian basalts[M]//Mantle dynamics and plate interactions in East Asia. Washington D C:American Geophysical Union:347-364.

[5] BAU M,DULSKI P,1995. Comparative study of yttrium and rare-earth element behaviours in fluorine-rich hydrothermal fluids[J]. Contributions to mineralogy and petrology,119(2/3):213-223.

[6] BAU M,MÖLLER P,DULSKI P,1997. Yttrium and lanthanides in eastern Mediterranean seawater and their fractionation during redox-cycling[J]. Marine chemistry, 56 (1/2): 123-131.

[7] BAU M,DULSKI P,1999. Comparing yttrium and rare earths in hydrothermal fluids from the Mid-Atlantic Ridge:implications for Y and REE behaviour during near-vent mixing and for the Y/Ho ratio of Proterozoic seawater[J]. Chemical geology,155(1/2):77-90.

[8] BEARD J S,1995. Experimental,geological,and geochemical constraints on the origins of low-K silicic magmas in oceanic arcs[J]. Journal of geophysical research: solid earth,100(B8):15593-15600.

[9] BOLENEUS D,RAINES G,CAUSEY J,et al,2001. Assessment method for epithermal gold deposits in Northeast Washington State using weights-of-evidence GIS modeling[J]. Open file report.

[10] BRALIA A,SABATINI G,TROJA F,1979. A revaluation of the Co/Ni ratio in pyrite as geochemical tool in ore genesis problems[J]. Mineralium deposita,14(3): 353-374.

[11] BRILL B,1989. Trace-element contents and partitioning of elements in ore minerals from the CSA Cu-Pb-Zn deposit,Australia[J]. The Canadian mineralogist,27(2): 263-274.

[12] BRYAN S E, RILEY T R, JERRAM D A, et al, 2002. Silicic volcanism: an undervalued component of large igneous provinces and volcanic rifted margins[M]// Volcanic rifted margins. [S. l.]: Geological Society of America: 97-118.

[13] CALAGARI A A, 2003. Stable isotope (S, O, H and C) studies of the phyllic and potassic-phyllic alteration zones of the porphyry copper deposit at Sungun, East Azarbaidjan, Iran[J]. Journal of Asian earth sciences, 21(7): 767-780.

[14] CAMPBELL F A, ETHIER V G, 1984. Nickel and cobalt in pyrrhotite and pyrite from the faro and Sullivan orebodies[J]. The Canadian mineralogist, 22(3): 503-506.

[15] CHANG Z S, HEDENQUIST J W, WHITE N C, et al, 2011. Exploration tools for linked porphyry and epithermal deposits: example from the mankayan intrusion-centered Cu-Au district, Luzon, Philippines[J]. Economic geology, 106(8): 1365-1398.

[16] CHAUSSIDON M, LORAND J P, 1990. Sulphur isotope composition of orogenic spinel lherzolite massifs from Ariege (North-Eastern Pyrenees, France): an ion microprobe study[J]. Geochimica et cosmochimica acta, 54(10): 2835-2846.

[17] CHEN F C, DENG J, SHU Q H, et al, 2017. Geology, fluid inclusion and stable isotopes (O, S) of the Hetaoping distal skarn Zn-Pb deposit, northern Baoshan block, SW China[J]. Ore geology reviews, 90: 913-927.

[18] CHIARADIA M, PALADINES A, 2004. Metal sources in mineral deposits and crustal rocks of Ecuador (1 N-4 S): a lead isotope synthesis[J]. Economic geology, 99(6): 1085-1106.

[19] CLAYPOOL G E, HOLSER W T, KAPLAN I R, et al, 1980. The age curves of sulfur and oxygen isotopes in marine sulfate and their mutual interpretation[J]. Chemical geology, 28: 199-260.

[20] CLAYTON R N, O'NEIL J R, MAYEDA T K, 1972. Oxygen isotope exchange between quartz and water[J]. Journal of geophysical research, 77(17): 3057-3067.

[21] COOKE D R A S, 2000. Characteristics and genesis of epithermal gold deposits[J]. Reviews in economic geology, 13, 221-244.

[22] CORBETT G, 2002. Epithermal gold for explorationists[J]. Aig journal, 1: 1-26.

[23] CUI P L, SUN J G, HAN S J, et al, 2013. Zircon U-Pb-Hf isotopes and bulk-rock geochemistry of gneissic granites in the northern Jiamusi Massif, Central Asian Orogenic Belt: implications for Middle Permian collisional orogeny and Mesoproterozoic crustal evolution[J]. International geology review, 55(9): 1109-1125.

[24] CULLERS R L, GRAF J L, 1984. Rare earth elements in igneous rocks of the continental crust: intermediate and silicic rocks-ore petrogenesis[M]//HENDERSON P. Rare earth element geochemistry. Amsterdam: Elsevier: 275-316.

[25] DENG J, LIU X F, WANG Q F, et al, 2015. Origin of the Jiaodong-type Xinli gold deposit, Jiaodong Peninsula, China: constraints from fluid inclusion and C-D-O-S-Sr isotope compositions[J]. Ore geology reviews, 65: 674-686.

[26] DENG J, WANG Q F, 2016. Gold mineralization in China: metallogenic provinces,

deposit types and tectonic framework[J]. Gondwana research,36:219-274.

[27] DOE B R,STACEY J S,1974. The application of lead isotopes to the problems of ore genesis and ore prospect evaluation:a review[J]. Economic geology,69(6):757-776.

[28] DONG Y,GE W C,YANG H,et al,2014. Geochronology and geochemistry of Early Cretaceous volcanic rocks from the Baiyingaolao Formation in the central Great Xing'an Range,NE China,and its tectonic implications[J]. Lithos,205:168-184.

[29] DONG L L,WAN B,YANG W Z,et al,2018. Rb-Sr geochronology of single gold-bearing pyrite grains from the Katbasu gold deposit in the South Tianshan,China and its geological significance[J]. Ore geology reviews,100:99-110.

[30] DOUVILLE E,BIENVENU P,CHARLOU J L,et al,1999. Yttrium and rare earth elements in fluids from various deep-sea hydrothermal systems[J]. Geochimica et cosmochimica acta,63(5):627-643.

[31] DRIESNER T,HEINRICH C A,2007. The system H_2O-NaCl:part I:correlation formulae for phase relations in temperature-pressure-composition space from 0 to 1000 ℃,0 to 5000 bar,and 0 to 1 X_{NaCl}[J]. Geochimica et cosmochimica acta,71(20):4880-4901.

[32] EINAUDI M T,HEDENQUIST J W,INAN E E,2003. Sulfidation state of fluids in active and extinct hydrothermal systems:transitions from porphyry to epithermal environments [M]//Volcanic, geothermal and ore-forming fluids: rulers and witnesses of processes within the Earth. [S. l.]:Society of Economic Geologists:285-313.

[33] FIELD C W,FIFAREK R H,1985. Light stable-isotope systematics in the epithermal environment[M]//BERGER B R, BETHKE P M. Geology and geochemistry of epithermal systems. [S. l.]:Society of Economic Geologists:99-128.

[34] FLYNN R T,BURNHAM C W,1978. An experimental determination of rare earth partition coefficients between a chloride containing vapor phase and silicate melts[J]. Geochimica et cosmochimica acta,42(6):685-701.

[35] GAO S,XU H,ZANG Y Q,et al,2017a. Late Mesozoic magmatism and metallogeny in NE China:the sandaowanzi-beidagou example[J]. International geology review,59(11):1413-1438.

[36] GAO R Z,XUE C J,LÜ X B,et al,2017b. Genesis of the Zhengguang gold deposit in the Duobaoshan ore field, Heilongjiang Province, NE China: constraints from geology,geochronology and S-Pb isotopic compositions[J]. Ore geology reviews,84:202-217.

[37] GAO S,XU H,ZANG Y Q,et al,2018. Mineralogy,ore-forming fluids and geochronology of the Shangmachang and Beidagou gold deposits,Heilongjiang Province,NE China[J]. Journal of geochemical exploration,188:137-155.

[38] GE W C, WU F Y, ZHOU C Y, et al, 2007. Mineralization ages and geodynamic implications of porphyry Cu-Mo deposits in the east of Xingmeng orogenic belt[J].

Chinese science bulletin,52(20):2407-2417.

[39] GOLDFARB R J,GROVES D I,GARDOLL S,2001. Orogenic gold and geologic time:a global synthesis[J]. Ore geology reviews,18(1/2):1-75.

[40] GOLDFARB R J,BAKER T,DUBÉ B,et al,2005. Distribution,character,and genesis of gold deposits in metamorphic terran[M]//One hundredth anniversary volume. [S. l.]: Society of Economic Geologists:407-450.

[41] GOLDFARB R J,GROVES D I,2015. Orogenic gold:common or evolving fluid and metal sources through time[J]. Lithos,233:2-26.

[42] GRAF J L,1977. Rare earth elements as hydrothermal tracers during the formation of massive sulfide deposits in volcanic rocks[J]. Economic geology,72(4):527-548.

[43] GRAY J E,COOLBAUGH M F,1994. Geology and geochemistry of Summitville, Colorado:an epithermal acid sulfate deposit in a volcanic dome [J]. Economic geology,89(8):1906-1923.

[44] GROVE T L,DONNELLY-NOLAN J M,1986. The evolution of young silicic lavas at Medicine Lake Volcano,California:implications for the origin of compositional gaps in calc-alkaline series lavas[J]. Contributions to mineralogy and petrology,92(3): 281-302.

[45] GU A L,SUN J G,BAI L G,et al,2016. Petrogenesis and geodynamic significance of the Ganhe Formation lavas, eastern Great Xing'an Range, China: evidence from geochemistry and geochronology[J]. Island arc,25(2):87-110.

[46] GUO F,FAN W M,GAO X F,et al,2010. Sr-Nd-Pb isotope mapping of Mesozoic igneous rocks in NE China:constraints on tectonic framework and Phanerozoic crustal growth[J]. Lithos,120(3/4):563-578.

[47] HAAS J R,SHOCK E L,SASSANI D C,1995. Rare earth elements in hydrothermal systems:estimates of standard partial molal thermodynamic properties of aqueous complexes of the rare earth elements at high pressures and temperatures [J]. Geochimica et cosmochimica acta,59(21):4329-4350.

[48] HAASE K M,STRONCIK N,GARBE-SCHÖNBERG D,et al,2006. Formation of island arc dacite magmas by extreme crystal fractionation:an example from Brothers Seamount, Kermadec island arc (SW Pacific) [J]. Journal of volcanology and geothermal research,152(3/4):316-330.

[49] HAN S J,SUN J G,BAI L G,et al,2013. Geology and ages of porphyry and medium-to high-sulphidation epithermal gold deposits of the continental margin of Northeast China[J]. International geology review,55(3):287-310.

[50] HAO Y J,REN Y S,DUAN M X,et al,2015. Metallogenic events and tectonic setting of the Duobaoshan ore field in Heilongjiang Province,NE China[J]. Journal of Asian earth sciences,97:442-458.

[51] HAO B W,DENG J,BAGAS L,et al,2016. The Gaosongshan epithermal gold deposit in the Lesser Hinggan Range of the Heilongjiang Province,NE China:implications

for Early Cretaceous mineralization[J]. Ore geology reviews,73:179-197.

[52] HASTIE A R,KERR A C,PEARCE J A,et al,2007. Classification of altered volcanic island arc rocks using immobile trace elements: development of the Th-co discrimination diagram[J]. Journal of petrology,48(12):2341-2357.

[53] HAWKESWORTH C, TURNER S, PEATE D, et al, 1997. Elemental U and Th variations in island arc rocks: implications for U-series isotopes [J]. Chemical geology,139(1/2/3/4):207-221.

[54] HEALD P, FOLEY N K, HAYBA D O, 1987. Comparative anatomy of volcanic-hosted epithermal deposits: acid-sulfate and adularia-sericite types [J]. Economic geology,82(1):1-26.

[55] HEDENQUIST J W,HOUGHTON B F,1987. Epithermal gold mineralization and its molcanicenvironments[J]. Earth resources foundation:422-423.

[56] HEDENQUIST J W,LOWENSTERN J B,1994. The role of magmas in the formation of hydrothermal ore deposits[J]. Nature,370:519-526.

[57] HEDENQUIST J W,ARRIBAS A,REYNOLDS T J,1998. Evolution of an intrusion-centered hydrothermal system:far southeast-lepanto porphyry and epithermal Cu-Au deposits,Philippines[J]. Economic geology,93(4):373-404.

[58] HEDENQUIST J W,ARRIBAS A J,GONZALES-URIEN E,2000. Exploration for epithermal gold deposits[J]. Reviews in economic geology,13:245-277.

[59] HEDENQUIST J W,TARAN Y A,2013. Modeling the formation of advanced argillic lithocaps: volcanic vapor condensation above porphyry intrusions [J]. Economic geology,108(7):1523-1540.

[60] HENDERSON P,1984. General geochemical properties and abundances of the rare earth elements[M]//Rare earth element geochemistry. Amsterdam:Elsevier:1-32.

[61] HOEFS J,1997. Stable isotope geochemistry[M]. Berlin,Heidelberg:Springer Berlin Heidelberg.

[62] HOLSER W T,KAPLAN I R,1966. Isotope geochemistry of sedimentary sulfates[J]. Chemical geology,1:93-135.

[63] HONG D W,ZHANG J S,WANG T,et al,2004. Continental crustal growth and the supercontinental cycle:evidence from the Central Asian Orogenic Belt[J]. Journal of Asian earth sciences,23(5):799-813.

[64] HOSKIN P W O, 2003. The composition of zircon and igneous and metamorphic petrogenesis[J]. Reviews in mineralogy and geochemistry,53(1):27-62.

[65] HOU L,PENG H J,DING J,et al,2016. Textures and in situ chemical and isotopic analyses of pyrite,Huijiabao trend,youjiang basin,China:implications for paragenesis and source of sulfur[J]. Economic geology,111(2):331-353.

[66] HU X L,DING Z J,HE M C,et al,2014a. A porphyry-skarn metallogenic system in the Lesser Xing'an Range, NE China: implications from U-Pb and re-Os geochronology and Sr-Nd-Hf isotopes of the Luming Mo and Xulaojiugou Pb-Zn

deposits[J]. Journal of Asian earth sciences,90:88-100.

[67] HU X L, DING Z J, HE M C, et al, 2014b. Two epochs of magmatism and metallogeny in the Cuihongshan Fe-polymetallic deposit,Heilongjiang Province,NE China:constrains from U-Pb and re-Os geochronology and Lu-Hf isotopes[J]. Journal of geochemical exploration,143:116-126.

[68] HU X L,YAO S Z,HE M C,et al,2015. Geochemistry,U-Pb geochronology and Sr-Nd-Hf isotopes of the Early Cretaceous volcanic rocks in the northern da hinggan mountains[J]. Acta geologica sinica-English edition,89(1):203-216.

[69] HU X L,DING Z J,YAO S Z,et al,2016. Geochronology and Sr-Nd-Hf isotopes of the Mesozoic granitoids from the Great Xing'an and Lesser Xing'an ranges: implications for petrogenesis and tectonic evolution in NE China[J]. Geological journal,51(1):1-20.

[70] HU X L, YAO S Z, DING Z J, et al, 2017. Early Paleozoic magmatism and metallogeny in Northeast China:a record from the Tongshan porphyry Cu deposit[J]. Mineralium deposita,52(1):85-103.

[71] JAHN B M,WU F Y,LO C H,et al,1999. Crust-mantle interaction induced by deep subduction of the continental crust:geochemical and Sr-Nd isotopic evidence from post-collisional mafic-ultramafic intrusions of the northern Dabie complex, central China[J]. Chemical geology,157(1/2):119-146.

[72] JAHN B M,WU F Y,CHEN B,2000. Massive granitoid generation in Central Asia: Nd isotope evidence and implication for continental growth in the Phanerozoic[J]. Episodes,23(2):82-92.

[73] JAHN B M,2004. The Central Asian Orogenic Belt and growth of the continental crust in the Phanerozoic[J]. Geological Society,London,special publications,226(1): 73-100.

[74] KELEMEN P B,HANGHØJ K,GREENE A R,2007. One view of the geochemistry of subduction-related magmatic arcs,with an emphasis on primitive andesite and lower crust[M]//Treatise on geochemistry. Amsterdam:Elsevier:1-70.

[75] KELLY W C,RYE R O,1979. Geologic,fluid inclusion and stable isotope studies of the tin-tungsten deposits of Panasqueira, Portugal[J]. Economic geology, 74 (8): 1721-1822.

[76] KIMINAMI K,IMAOKA T,2013. Spatiotemporal variations of Jurassic-Cretaceous magmatism in eastern Asia (Tan-Lu Fault to SW Japan):evidence for flat-slab subduction and slab rollback[J]. Terra nova,25(5):414-422.

[77] KLINKHAMMER G P,ELDERFIELD H,EDMOND J M,et al,1994. Geochemical implications of rare earth element patterns in hydrothermal fluids from mid-ocean ridges[J]. Geochimica et cosmochimica acta,58(23):5105-5113.

[78] KOJIMA S, 1999. Some aspects regarding the tectonic setting of high- and low-sulfidation epithermal gold deposits of Chile[J]. Resource geology,49(3):175-181.

[79] KONG C S,SHEN J F,SANTOSH M,et al,2018. Age and genesis of the Gangcha gold deposit,western Qinling orogen,China[J]. Geological journal,53(5):1871-1885.

[80] KOUZMANOV K,MORITZ R,QUADT A,et al,2009. Late Cretaceous porphyry Cu and epithermal Cu-Au association in the Southern Panagyurishte District,Bulgaria: the paired Vlaykov Vruh and Elshitsa deposits[J]. Mineralium deposita,44(6): 611-646.

[81] KOVALENKO V I,YARMOLYUK V V,KOVACH V P,et al,2004. Isotope provinces,mechanisms of generation and sources of the continental crust in the Central Asian mobile belt:geological and isotopic evidence[J]. Journal of Asian earth sciences,23(5):605-627.

[82] KRÖNER A,WINDLEY B F,BADARCH G,et al,2007. Accretionary growth and crust formation in the Central Asian Orogenic Belt and comparison with the Arabian-Nubian shield[M]//Geological society of America memoirs. [S. l.]:Geological Society of America:181-209.

[83] KRÖNER A,KOVACH V,BELOUSOVA E,et al,2014. Reassessment of continental growth during the accretionary history of the Central Asian Orogenic Belt[J]. Gondwana research,25(1):103-125.

[84] LABANIEH S,CHAUVEL C,GERMA A,et al,2012. Martinique:a clear case for sediment melting and slab dehydration as a function of distance to the trench[J]. Journal of petrology,53(12):2441-2464.

[85] LI Q L,CHEN F K,YANG J H,et al,2008. Single grain pyrite Rb-Sr dating of the Linglong gold deposit,Eastern China[J]. Ore geology reviews,34(3):263-270.

[86] LI X H,YUAN F,ZHANG M M,et al,2015. Three-dimensional mineral prospectivity modeling for targeting of concealed mineralization within the Zhonggu iron orefield,Ningwu Basin,China[J]. Ore geology reviews,71:633-654.

[87] LIN W,FAURE M,CHEN Y,et al,2013. Late Mesozoic compressional to extensional tectonics in the Yiwulüshan massif,NE China and its bearing on the evolution of the Yinshan-Yanshan orogenic belt:part I:structural analyses and geochronological constraints[J]. Gondwana research,23(1):54-77.

[88] LINDGREN W,1922. A suggestion for the terminology of certain mineral deposits [J]. Economic geology,17(4):292-294.

[89] LINDGREN W,1933. Mineral deposits[M]. 4th ed. New York:McGraw-Hill.

[90] LIU W,SIEBEL W,LI X J,et al,2005. Petrogenesis of the Linxi granitoids,northern Inner Mongolia of China:constraints on basaltic underplating[J]. Chemical geology, 219(1/2/3/4):5-35.

[91] LIU J L,BAI X D,ZHAO S J,et al,2011. Geology of the Sandaowanzi telluride gold deposit of the northern Great Xing'an Range,NE China:geochronology and tectonic controls[J]. Journal of Asian earth sciences,41(2):107-118.

[92] LIU J,WU G,LI Y,et al,2012. Re-Os sulfide (chalcopyrite,pyrite and molybdenite)

systematics and fluid inclusion study of the Duobaoshan porphyry Cu (Mo) deposit, Heilongjiang Province,China[J]. Journal of Asian earth sciences,49:300-312.

[93] LIU J L,ZHAO S J,COOK N J,et al,2013. Bonanza-grade accumulations of gold tellurides in the Early Cretaceous sandaowanzi deposit, northeast China [J]. Ore geology reviews,54:110-126.

[94] LIU Y,CHEN Z Y,YANG Z S,et al,2015. Mineralogical and geochemical studies of brecciated ores in the dalucao REE deposit, Sichuan Province, southwestern China [J]. Ore geology reviews,70:613-636.

[95] LOFTUS-HILLS G,SOLOMON M,1967. Cobalt,nickel and selenium in sulphides as indicators of ore genesis[J]. Mineralium deposita,2(3):228-242.

[96] LOTTERMOSER B G,1992. Rare earth elements and hydrothermal ore formation processes[J]. Ore geology reviews,7(1):25-41.

[97] LU Y J,LOUCKS R R,FIORENTINI M L,et al,2015. Fluid flux melting generated postcollisional high Sr/Y copper ore-forming water-rich magmas in Tibet [J]. Geology,43(7):583-586.

[98] LÜDERS V,ZIEMANN M,1999. Possibilities and limits of infrared light microthermometry applied to studies of pyrite-hosted fluid inclusions[J]. Chemical geology,154(1/2/3/4): 169-178.

[99] LUDWIG K R,2003. Isoplot 3. 0:a geochronological toolkit for Microsoft Excel[J]. California:Berkeley Geochronology Center special publication.

[100] MA Q,XU Y G,ZHENG J P,et al,2016. Coexisting Early Cretaceous high-Mg andesites and adakitic rocks in the North China Craton:the role of water in intraplate magmatism and cratonic destruction[J]. Journal of petrology,57(7):1279-1308.

[101] MACFARLANE A W,MARCET P,LEHURAY A P,et al,1990. Lead isotope provinces of the Central Andes inferred from ores and crustal rocks[J]. Economic geology,85(8):1857-1880.

[102] MAO J W,WANG Y T,ZHANG Z H,et al,2003. Geodynamic settings of Mesozoic large-scale mineralization in North China and adjacent areas[J]. Science in China series D:earth sciences,46(8):838-851.

[103] MAO G,HUA R,GAO J,2006. REE composition and trace element features of gold-bearing pyrite in Jinshan gold deposit,Jiangxi Province[J]. Mineral deposits,25(4): 412-426.

[104] MAO J W,LI X F,WHITE N C,et al,2007. Types,characteristics and geodynamic settings of Mesozoic epithermal gold deposits in Eastern China [J]. Resource geology,57(4):435-454.

[105] MCCULLOCH M T,KYSER T K,WOODHEAD J D,et al,1994. Pb-Sr-Nd-O isotopic constraints on the origin of rhyolites from the Taupo Volcanic Zone of New Zealand:evidence for assimilation followed by fractionation from basalt [J].

Contributions to mineralogy and petrology,115(3):303-312.

[106] MICHARD A,ALBARÈDE F,1986. The REE content of some hydrothermal fluids[J]. Chemical geology,55(1/2):51-60.

[107] MICHARD A,1989. Rare earth element systematics in hydrothermal fluids[J]. Geochimica et cosmochimica acta,53(3):745-750.

[108] OHMOTO H,1972. Systematics of sulfur and carbon isotopes in hydrothermal ore deposits[J]. Economic geology,67(5):551-578.

[109] OHMOTO H,RYE R O,1979. Isotopes of Sulfur and Carbon[M]//BARNES H L. Geochemistry of hydrothermal ore deposits. New York:John Wiley and Sons.

[110] ORESKES N,EINAUDI M T,1990. Origin of rare earth element-enriched hematite breccias at the Olympic Dam Cu-U-Au-Ag deposit,Roxby Downs,South Australia[J]. Economic geology,85(1):1-28.

[111] OUYANG H G,MAO J W,SANTOSH M,et al,2013. Geodynamic setting of Mesozoic magmatism in NE China and surrounding regions:perspectives from spatio-temporal distribution patterns of ore deposits[J]. Journal of Asian earth sciences,78:222-236.

[112] PEARCE J A,1983. The role of sub-continental lithosphere in magma genesis at destructive plate margins[M]//HAWKESWORTH C J,NORRY M J. Continental basalts and mantle xenoliths. Nantwich Shiva:Academic Press,230-249.

[113] PEARCE J A,HARRIS N B W,TINDLE A G,1984. Trace element discrimination diagrams for the tectonic interpretation of granitic rocks[J]. Journal of petrology,25(4):956-983.

[114] PENG H J,MAO J W,HOU L,et al,2016. Stable isotope and fluid inclusion constraints on the source and evolution of ore fluids in the Hongniu-Hongshan Cu skarn deposit,Yunnan Province,China[J]. Economic geology,111(6):1369-1396.

[115] RAINES G L,1999. Evaluation of weights of evidence to predict epithermal-gold deposits in the great basin of the western United States[J]. Natural resources research,8(4):257-276.

[116] REN L,SUN J G,HAN J L,et al,2017. Magmatism and metallogenic mechanisms of the Baoshan Cu-polymetallic deposit from the Lesser Xing'an Range,NE China:constraints from geology,geochronology,geochemistry,and Hf isotopes[J]. Ore geology reviews,88:270-288.

[117] RICHARDS J P,KERRICH R,2007. Special paper:adakite-like rocks:their diverse origins and questionable role in metallogenesis[J]. Economic geology,102(4):537-576.

[118] RICHARDS J P,2011. Magmatic to hydrothermal metal fluxes in convergent and collided margins[J]. Ore geology reviews,40(1):1-26.

[119] RIPLEY E M,PARK Y R,LI C S,et al,1999. Sulfur and oxygen isotopic evidence of country rock contamination in the Voisey's Bay Ni-Cu-Co deposit,Labrador,Canada[J].

Lithos,47(1/2):53-68.

[120] ROLLINSON H,1993. Using geochemical data:evaluation,presentation,interpretation[M]. New York:Longman Group UK Ltd.

[121] RYE R O,1993. The evolution of magmatic fluids in the epithermal environment:the stable isotope perspective[J]. Economic geology,88(3):733-752.

[122] SAFONOVA I, SELTMANN R, KRÖNER A, et al, 2011. A new concept of continental construction in the Central Asian Orogenic Belt[J]. Episodes,34(3): 186-196.

[123] SAKAI H,1968. Isotopic properties of sulfur compounds in hydrothermal processes[J]. Geochemical journal,2(1):29-49.

[124] SAKTHI SARAVANAN C,MISHRA B,2009. Uniformity in sulfur isotope composition in the orogenic gold deposits from the Dharwar Craton, southern India [J]. Mineralium deposita,44(5):597-605.

[125] ŞENGÖR A M C,NATAL'IN B A,BURTMAN V S,1993. Evolution of the altaid tectonic collage and palaeozoic crustal growth in eurasia[J]. Nature,364:299-307.

[126] SHANNON R D, 1976. Revised effective ionic radii and systematic studies of interatomic distances in halides and chalcogenides[J]. Acta crystallographica section A,32(5):751-767.

[127] SHEN P,SHEN Y C,LIU T B,et al,2007. Genesis of volcanic-hosted gold deposits in the Sawur gold belt, northern Xinjiang, China:evidence from REE, stable isotopes,and noble gas isotopes[J]. Ore geology reviews,32(1/2):207-226.

[128] SHINJO R, KATO Y, 2000. Geochemical constraints on the origin of bimodal magmatism at the Okinawa Trough,an incipient back-arc basin[J]. Lithos,54(3/4): 117-137.

[129] SHU Q,LAI Y,SUN Y,et al,2013. Ore genesis and hydrothermal evolution of the baiyinnuo'er zinc-lead skarn deposit,northeast China:evidence from isotopes (S, Pb) and fluid inclusions[J]. Economic geology,108(4):835-860.

[130] SHU Q H,LAI Y,WANG C,et al,2014. Geochronology,geochemistry and Sr-Nd-Hf isotopes of the Haisugou porphyry Mo deposit, northeast China, and their geological significance[J]. Journal of Asian earth sciences,79:777-791.

[131] SHU Q H,LAI Y,ZHOU Y T,et al,2015. Zircon U-Pb geochronology and Sr-Nd-Pb-Hf isotopic constraints on the timing and origin of Mesozoic granitoids hosting the Mo deposits in northern Xilamulun district,NE China[J]. Lithos,238:64-75.

[132] SHU Q H,CHANG Z S,LAI Y,et al,2016. Regional metallogeny of Mo-bearing deposits in northeastern China,with new re-Os dates of porphyry Mo deposits in the northern xilamulun district[J]. Economic geology,111(7):1783-1798.

[133] SILLITOE R H,BONHAM H F,1984. Volcanic landforms and ore deposits[J]. Economic geology,79(6):1286-1298.

[134] SILLITOE R H,1997. Characteristics and controls of the largest porphyry copper-

gold and epithermal gold deposits in the circum-Pacific region[J]. Australian journal of earth sciences,44(3):373-388.

[135] SILLITOE R H, HEDENQUIST J W, 2005. Linkages between volcanotectonic settings, ore-fluid compositions, and epithermal precious metal deposits[M]// SIMMONS S F,GRAHAM I. Volcanic,geothermal,and ore-Forming fluids.[S. l.]: Society of economic geologists:315-343.

[136] SILLITOE R H,2010. Porphyry copper systems[J]. Economic geology,105(1): 3-41.

[137] SIMMONS S F,2000. Hydrothermal minerals and precious metals in the broadlands-ohaaki geothermal system:implications for understanding low-sulfidation epithermal environments[J]. Economic geology,95(5):971-999.

[138] SIMMONS S F, WHITE N C, JOHN D A, 2005. Geological characteristics of epithermal precious and base metal deposits[M]//JEFFREY W H,JOHN F H T, RICHARD J G,et al. One hundredth anniversary volume.[S. l.]:Society of Economic Geologists.

[139] SMITH I E M,STEWART R B,PRICE R C,2003. The petrology of a large intra-oceanic silicic eruption:the sandy bay tephra,Kermadec arc,southwest Pacific[J]. Journal of volcanology and geothermal research,124(3/4):173-194.

[140] STACEY J S, KRAMERS J D, 1975. Approximation of terrestrial lead isotope evolution by a two-stage model[J]. Earth and planetary science letters, 26(2): 207-221.

[141] SUN S S,MCDONOUGH W F,1989. Chemical and isotopic systematics of oceanic basalts:implications for mantle composition and processes[J]. Geological Society, London,Special Publications,42(1):313-345.

[142] SUN J G, HAN S J, ZHANG Y, et al, 2013a. Diagenesis and metallogenetic mechanisms of the Tuanjiegou gold deposit from the Lesser Xing'an Range,NE China:Zircon U-Pb geochronology and Lu-Hf isotopic constraints[J]. Journal of Asian earth sciences,62:373-388.

[143] SUN J G,ZHANG Y,HAN S J,et al,2013b. Timing of formation and geological setting of low-sulphidation epithermal gold deposits in the continental margin of NE China[J]. International geology review,55(5):608-632.

[144] SUN X,DENG J,ZHAO Z Y,et al,2010. Geochronology,petrogenesis and tectonic implications of granites from the Fuxin area, western Liaoning, NE China[J]. Gondwana research,17(4):642-652.

[145] SUN X, ZHENG Y Y, XU J, et al, 2017a. Metallogenesis and ore controls of Cenozoic porphyry Mo deposits in the Gangdese belt of southern Tibet[J]. Ore geology reviews,81:996-1014.

[146] SUN X, ZHENG Y Y, LI M, et al, 2017b. Genesis of Luobuzhen Pb-Zn veins: implications for porphyry Cu systems and exploration targeting at Luobuzhen-

Dongshibu in western Gangdese belt, southern Tibet[J]. Ore geology reviews, 82: 252-267.

[147] SUN X, ZHENG Y Y, PIRAJNO F, et al, 2018a. Geology, S-Pb isotopes and ^{40}Ar/^{39}Ar geochronology of the Zhaxikang Sb-Pb-Zn-Ag deposit in Southern Tibet: implications for multiple mineralization events at Zhaxikang[J]. Mineralium deposita, 53(3): 435-458.

[148] SUN X, LU Y J, MCCUAIG T C, et al, 2018b. Miocene ultrapotassic, high-Mg dioritic, and adakite-like rocks from Zhunuo in southern Tibet: implications for mantle metasomatism and porphyry copper mineralization in collisional orogens[J]. Journal of petrology, 59(3): 341-386.

[149] TANG J, XU W L, WANG F, et al, 2015. Geochronology, geochemistry, and deformation history of Late Jurassic-Early Cretaceous intrusive rocks in the Erguna Massif, NE China: constraints on the late Mesozoic tectonic evolution of the Mongol-Okhotsk orogenic belt[J]. Tectonophysics, 658: 91-110.

[150] TAYLOR H P, 1974. The application of oxygen and hydrogen isotope studies to problems of hydrothermal alteration and ore deposition[J]. Economic geology, 69 (6): 843-883.

[151] TAYLOR S R, MCLENNAN S M, 1988. Chapter 79 The significance of the rare earths in geochemistry and cosmochemistry[J]. Handbook on the Physics and Chemistry of rare earths, 11: 485-578.

[152] TEPPER J H, NELSON B K, BERGANTZ G W, et al, 1993. Petrology of the Chilliwack batholith, North Cascades, Washington: generation of calc-alkaline granitoids by melting of mafic lower crust with variable water fugacity[J]. Contributions to mineralogy and petrology, 113(3): 333-351.

[153] TOSDAL R M, WOODEN J L, BOUSE R M, 1999. Pb isotopes, ore deposits and metallogenic terranes[M]. [S. l.: s. n.].

[154] WAN B, HEGNER E, ZHANG L, et al, 2009. Rb-Sr geochronology of chalcopyrite from the chehugou porphyry Mo-Cu deposit (northeast China) and geochemical constraints on the origin of hosting granites[J]. Economic geology, 104(3): 351-363.

[155] WANG P J, LIU W Z, WANG S X, et al, 2002. ^{40}Ar/^{39}Ar and K/Ar dating on the volcanic rocks in the Songliao Basin, NE China: constraints on stratigraphy and basin dynamics[J]. International journal of earth sciences, 91(2): 331-340.

[156] WANG F, ZHOU X H, ZHANG L C, et al, 2006. Late Mesozoic volcanism in the Great Xing'an Range (NE China): timing and implications for the dynamic setting of NE Asia[J]. Earth and planetary science letters, 251(1/2): 179-198.

[157] WANG Y B, ZENG Q D, LIU J M, 2014. Rb-Sr dating of gold-bearing pyrites from Wulaga gold deposit and its geological significance[J]. Resource geology, 64(3): 262-270.

[158] WANG G W, LI R X, CARRANZA E J M, et al, 2015a. 3D geological modeling for prediction of subsurface Mo targets in the Luanchuan district, China[J]. Ore

geology reviews,71:592-610.

[159] WANG T,GUO L,ZHANG L,et al,2015b. Timing and evolution of Jurassic-Cretaceous granitoid magmatisms in the Mongol-Okhotsk belt and adjacent areas, NE Asia: implications for transition from contractional crustal thickening to extensional thinning and geodynamic settings[J]. Journal of Asian earth sciences, 97:365-392.

[160] WANG Y B,ZENG Q D,ZHOU L L,et al,2016a. The sources of ore-forming material in the low-sulfidation epithermal Wulaga gold deposit, NE China: constraints from S,Pb isotopes and REE pattern[J]. Ore geology reviews,76: 140-151.

[161] WANG Z G,QU H G,WU Z X,et al,2016b. Formal representation of 3D structural geological models[J]. Computers & geosciences,90:10-23.

[162] WANG Z W,XU W L,PEI F P,et al,2016c. Geochronology and geochemistry of Early Paleozoic igneous rocks of the Lesser Xing'an Range,NE China:implications for the tectonic evolution of the eastern Central Asian Orogenic Belt[J]. Lithos, 261:144-163.

[163] WENDLANDT R F, HARRISON W J, 1979. Rare earth partitioning between immiscible carbonate and silicate liquids and CO_2 vapor:results and implications for the formation of light rare earth-enriched rocks[J]. Contributions to mineralogy and petrology,69(4):409-419.

[164] WHITE N C, HEDENQUIST J W, 1990. Epithermal environments and styles of mineralization:variations and their causes,and guidelines for exploration[J]. Journal of geochemical exploration,36(1/2/3):445-474.

[165] WHITE N C, LEAKE M J, MCCAUGHEY S N, et al, 1995. Epithermal gold deposits of the southwest Pacific[J]. Journal of geochemical exploration,54(2): 87-136.

[166] WINCHESTER J A, FLOYD P A, 1977. Geochemical discrimination of different magma series and their differentiation products using immobile elements [J]. Chemical geology,20:325-343.

[167] WINDLEY B F, ALEXEIEV D, XIAO W J, et al, 2007. Tectonic models for accretion of the central Asian orogenic belt[J]. Journal of the geological society, 164(1):31-47.

[168] WU F Y,JAHN B M,WILDE S,et al,2000. Phanerozoic crustal growth:U-Pb and Sr-Nd isotopic evidence from the granites in northeastern China[J]. Tectonophysics,328(1/2): 89-113.

[169] WU F Y,SUN D Y,LI H M,et al,2002. A-type granites in northeastern China:age and geochemical constraints on their petrogenesis[J]. Chemical geology,187(1/2): 143-173.

[170] WU F Y,JAHN B M,WILDE S A,et al,2003. Highly fractionated I-type granites in

NE China（II）：isotopic geochemistry and implications for crustal growth in the Phanerozoic[J]. Lithos,67(3/4):191-204.

[171] WU F Y,ZHAO G C,SUN D Y,et al,2007. The Hulan Group：its role in the evolution of the Central Asian Orogenic Belt of NE China[J]. Journal of Asian earth sciences,30(3/4):542-556.

[172] WU F Y,SUN D Y,GE W C,et al,2011. Geochronology of the Phanerozoic granitoids in northeastern China[J]. Journal of Asian earth sciences,41(1):1-30.

[173] WU S,ZHENG Y Y,SUN X,et al,2014. Origin of the Miocene porphyries and their mafic microgranular enclaves from Dabu porphyry Cu-Mo deposit,southern Tibet：implications for magma mixing/mingling and mineralization [J]. International geology review,56(5):571-595.

[174] WU S,ZHENG Y Y,SUN X,2016a. Subduction metasomatism and collision-related metamorphic dehydration controls on the fertility of porphyry copper ore-forming high Sr/Y magma in Tibet[J]. Ore geology reviews,73:83-103.

[175] WU H Y,ZHANG L C,PIRAJNO F,et al,2016b. The Mesozoic Caosiyao giant porphyry Mo deposit in Inner Mongolia,North China and Paleo-Pacific subduction-related magmatism in the northern North China Craton[J]. Journal of Asian earth sciences,127:281-299.

[176] XU Y G,2007. Diachronous lithospheric thinning of the North China Craton and formation of the Daxin'anling-Taihangshan gravity lineament[J]. Lithos,96(1/2):281-298.

[177] XU W L,PEI F P,WANG F,et al,2013. Spatial-temporal relationships of Mesozoic volcanic rocks in NE China：constraints on tectonic overprinting and transformations between multiple tectonic regimes[J]. Journal of Asian earth sciences,74:167-193.

[178] YAKUBCHUK A S,2009. Revised Mesozoic-Cenozoic orogenic architecture and gold metallogeny in the northern Circum-Pacific[J]. Ore geology reviews,35(3/4):447-454.

[179] YAMAMOTO T,2007. A rhyolite to dacite sequence of volcanism directly from the heated lower crust：late Pleistocene to Holocene Numazawa volcano,NE Japan[J]. Journal of volcanology and geothermal research,167(1/2/3/4):119-133.

[180] YANG J H,ZHOU X H,2000. Rb-Sr isochron ages of the ore and gold bearing minerals in Linglong gold deposit and its ore-forming ages,eastern of Jiaozhou Peninsula[J]. Chinese science bulletin,45(14):1547-1553.

[181] YANG J H,WU F Y,WILDE S A,2003. A review of the geodynamic setting of large-scale Late Mesozoic gold mineralization in the North China Craton：an association with lithospheric thinning[J]. Ore geology reviews,23(3/4):125-152.

[182] YANG L Q,DENG J,WANG Z L,et al,2016. Relationships between gold and pyrite at the Xincheng gold deposit,Jiaodong peninsula,China：implications for gold source and deposition in a brittle epizonal environment[J]. Economic geology,111(1):

105-126.

[183] YANG F, WANG G W, SANTOSH M, et al, 2017. Delineation of potential exploration targets based on 3D geological modeling: a case study from the Laoangou Pb-Zn-Ag polymetallic ore deposit, China[J]. Ore geology reviews, 89: 228-252.

[184] YANG H, GE W C, JI Z, et al, 2019. Late Carboniferous to early Permian subduction-related intrusive rocks from the Huolongmen region in the Xing'an Block, NE China: new insight into evolution of the Nenjiang-Heihe suture[J]. International geology review, 61(9): 1071-1104.

[185] YUAN M W, LI S R, LI C L, et al, 2018. Geochemical and isotopic composition of auriferous pyrite from the Yongxin gold deposit, Central Asian Orogenic Belt: implication for ore genesis[J]. Ore geology reviews, 93: 255-267.

[186] ZARTMAN R E, DOE B R, 1981. Plumbotectonics: the model[J]. Tectonophysics, 75(1/2): 135-162.

[187] ZARTMAN R E, HAINES S M, 1988. The plumbotectonic model for Pb isotopic systematics among major terrestrial reservoirs: a case for bi-directional transport[J]. Geochimica et cosmochimica acta, 52(6): 1327-1339.

[188] ZENG Q D, LIU J M, ZHANG Z L, 2010. Re-Os geochronology of porphyry molybdenum deposit in south segment of Da Hinggan Mountains, Northeast China[J]. Journal of earth science, 21(4): 392-401.

[189] ZENG Q D, LIU J M, YU C M, et al, 2011. Metal deposits in the Da Hinggan Mountains, NE China: styles, characteristics, and exploration potential [J]. International geology review, 53(7): 846-878.

[190] ZENG Q D, LIU J M, CHU S X, et al, 2012. Mesozoic molybdenum deposits in the East Xingmeng orogenic belt, northeast China: characteristics and tectonic setting[J]. International geology review, 54(16): 1843-1869.

[191] ZENG Q D, LIU J M, CHU S X, et al, 2014. Re-Os and U-Pb geochronology of the Duobaoshan porphyry Cu-Mo-(Au) deposit, northeast China, and its geological significance[J]. Journal of Asian earth sciences, 79: 895-909.

[192] ZHAI W, SUN X M, SUN W D, et al, 2009. Geology, geochemistry, and genesis of Axi: a Paleozoic low-sulfidation type epithermal gold deposit in Xinjiang, China[J]. Ore geology reviews, 36(4): 265-281.

[193] ZHAI D G, LIU J J, RIPLEY E M, et al, 2015. Geochronological and He-Ar-S isotopic constraints on the origin of the Sandaowanzi gold-telluride deposit, northeastern China[J]. Lithos, 212/213/214/215: 338-352.

[194] ZHANG H F, SUN M, ZHOU M F, et al, 2004. Highly heterogeneous Late Mesozoic lithospheric mantle beneath the North China Craton: evidence from Sr-Nd-Pb isotopic systematics of mafic igneous rocks[J]. Geological magazine, 141(1): 55-62.

[195] ZHANG J H, GE W C, WU F Y, et al, 2008a. Large-scale Early Cretaceous volcanic

events in the northern Great Xing'an Range,Northeastern China[J]. Lithos,102(1/2):138-157.

[196] ZHANG X H,ZHANG H F,TANG Y J,et al,2008b. Geochemistry of Permian bimodal volcanic rocks from central Inner Mongolia,North China:implication for tectonic setting and Phanerozoic continental growth in Central Asian Orogenic Belt[J]. Chemical geology,249(3/4):262-281.

[197] ZHANG L C,ZHOU X H,YING J F,et al,2008c. Geochemistry and Sr-Nd-Pb-Hf isotopes of Early Cretaceous basalts from the Great Xing'an Range,NE China:implications for their origin and mantle source characteristics[J]. Chemical geology,256(1/2):12-23.

[198] ZHANG Z C,MAO J W,WANG Y B,et al,2010a. Geochemistry and geochronology of the volcanic rocks associated with the Dong'an adularia-sericite epithermal gold deposit,Lesser Hinggan Range,Heilongjiang Province,NE China:constraints on the metallogenesis[J]. Ore geology reviews,37(3/4):158-174.

[199] ZHANG J H,GAO S,GE W C,et al,2010b. Geochronology of the Mesozoic volcanic rocks in the Great Xing'an Range,northeastern China:implications for subduction-induced delamination[J]. Chemical geology,276(3/4):144-165.

[200] ZHAO Z H,SUN J G,LI G H,et al,2019a. Age of the Yongxin Au deposit in the Lesser Xing'an Range:implications for an Early Cretaceous geodynamic setting for gold mineralization in NE China[J]. Geological journal,54(4):2525-2544.

[201] ZHAO Z H,SUN J G,LI G H,et al,2019b. Early Cretaceous gold mineralization in the Lesser Xing'an Range of NE China:the Yongxin example[J]. International geology review,61(12):1522-1549.

[202] ZHENG Y F,XIAO W J,ZHAO G C,2013. Introduction to tectonics of China[J]. Gondwana research,23(4):1189-1206.

[203] ZHONG J,PIRAJNO F,CHEN Y J,2017. Epithermal deposits in South China:Geology,geochemistry,geochronology and tectonic setting[J]. Gondwana research,42:193-219.

[204] ZHOU T H,GOLDFARB R J,PHILLIPS N G,2002. Tectonics and distribution of gold deposits in China-an overview[J]. Mineralium deposita,37(3/4):249-282.

[205] ZHOU J B,WILDE S A,ZHANG X Z,et al,2011. A>1300 km late Pan-African metamorphic belt in NE China:new evidence from the Xing'an block and its tectonic implications[J]. Tectonophysics,509(3/4):280-292.

[206] ZHOU J B,WILDE S A,2013. The crustal accretion history and tectonic evolution of the NE China segment of the Central Asian Orogenic Belt[J]. Gondwana research,23(4):1365-1377.

[207] ZHU D C,PAN G T,CHUNG S L,et al,2008. SHRIMP zircon age and geochemical constraints on the origin of lower Jurassic volcanic rocks from the yeba formation,southern gangdese,south Tibet[J]. International geology review,50(5):442-471.

[208] ZHU R X,CHEN L,WU F Y,et al,2011. Timing, scale and mechanism of the destruction of the North China Craton[J]. Science China earth sciences,54(6): 789-797.

[209] ZOU H B,ZINDLER A,XU X S,et al,2000. Major, trace element, and Nd, Sr and Pb isotope studies of Cenozoic basalts in SE China: mantle sources, regional variations, and tectonic significance[J]. Chemical geology,171(1/2):33-47.

[210] 毕献武,胡瑞忠,彭建堂,等,2004.黄铁矿微量元素地球化学特征及其对成矿流体性质的指示[J].矿物岩石地球化学通报,23(1):1-4.

[211] 常景娟,李碧乐,2015.东安金矿光华组酸性火山凝灰岩地球化学、锆石 U-Pb 年龄和 Hf 同位素特征及其地质意义[J].矿产保护与利用,(6):12-21.

[212] 陈光远,邵伟,孙岱生,1989.胶东金矿成因矿物学与找矿[M].重庆:重庆出版社.

[213] 陈建平,于淼,于萍萍,等,2014a.重点成矿带大中比例尺三维地质建模方法与实践[J].地质学报,88(6):1187-1195.

[214] 陈建平,于萍萍,史蕊,等,2014b.区域隐伏矿体三维定量预测评价方法研究[J].地学前缘,21(5):211-220.

[215] 陈毓川,王平安,秦克令,等,1994.秦岭地区主要金属矿床成矿系列的划分及区域成矿规律探讨[J].矿床地质,13(4):289-298.

[216] 程琳,彭晓蕾,韩吉龙,等,2017.黑龙江三道湾子金矿床火山岩-次火山岩年代学、地球化学和地质意义[J].世界地质,36(2):460-473.

[217] 程裕淇,陈毓川,赵一鸣,等,1983.再论矿床的成矿系列问题:兼论中生代某些矿床的成矿系列[J].地质论评,29(2):127-139.

[218] 崔根,王金益,张景仙,等,2008.黑龙江多宝山花岗闪长岩的锆石 SHRIMP U-Pb 年龄及其地质意义[J].世界地质,27(4):387-394.

[219] 崔秀琦,孙蓓蕾,樊金云,等,2013.大杨树盆地中部九峰山组上段沉积环境及聚煤模式[J].煤炭学报,38(S2):416-422.

[220] 丁秋红,陈树旺,商翎,等,2014.大兴安岭东部地区下白垩统龙江组新认识[J].地质与资源,23(3):215-221.

[221] 杜叶龙,程银行,李艳锋,等,2015.内蒙古东乌旗地区中下泥盆统泥鳅河组沉积相研究[J].古地理学报,17(5):645-652.

[222] 高乐,卢宇彤,虞鹏鹏,等,2017.成矿区三维可视化与立体定量预测:以钦-杭成矿带庞西垌地区下园垌铅锌矿区为例[J].岩石学报,33(3):767-778.

[223] 高山,骆庭川,张本仁,等,1999.中国东部地壳的结构和组成[J].中国科学(D辑:地球科学),29(3):204-213.

[224] 高燊,2017.黑龙江省黑河北部中生代金成矿系统研究[D].北京:中国地质大学(北京).

[225] 葛文春,吴福元,周长勇,等,2005.大兴安岭北部塔河花岗岩体的时代及对额尔古纳地块构造归属的制约[J].科学通报,50(12):1239-1247.

[226] 葛文春,隋振民,吴福元,等,2007a.大兴安岭东北部早古生代花岗岩锆石 U-Pb 年龄、Hf 同位素特征及地质意义[J].岩石学报,23(2):423-440.

[227] 葛文春,吴福元,周长勇,等,2007b.兴蒙造山带东段斑岩型 Cu,Mo 矿床成矿时代及其地球动力学意义[J].科学通报,52(20):2407-2417.

[228] 韩春元,张放,王成源,等,2014.依据牙形刺确定的内蒙古苏尼特左旗泥盆系泥鳅河组的时代[J].微体古生物学报,31(3):257-270.

[229] 韩世炯,孙景贵,邢树文,等,2013a.中国东北部陆缘内生金矿床成因类型、成矿时代及地球动力学背景[J].吉林大学学报(地球科学版),43(3):716-733.

[230] 韩世炯,2013b.小兴安岭北麓晚中生代浅成热液金矿系统的岩浆流体作用与金成矿研究[D].长春:吉林大学.

[231] 韩振新,郝正平,侯敏,1995.小兴安岭地区与加里东期花岗岩类有关的矿床成矿系列[J].矿床地质,14(4):293-302.

[232] 郝宇杰,任云生,赵华雷,等,2013.黑龙江省翠宏山钨钼多金属矿床辉钼矿 re-Os 同位素定年及其地质意义[J].吉林大学学报(地球科学版),43(6):1840-1850.

[233] 黑龙江省地质矿产局,1993.中华人民共和国地质矿产部地质专报:一 区域地质 第 33 号:黑龙江省区域地质志[M].北京:地质出版社.

[234] 黑龙江省地质调查研究总院,2015.黑龙江多宝山地区矿产远景调查项目报告[A].内部资料.

[235] 黄诚,2014.黑龙江北部浅成低温热液金矿成矿地球化学研究:以三道湾子、东安和乌拉嘎为例[D].北京:中国地质大学(北京).

[236] 黄永卫,刘扬,王喜臣,等,2009.黑龙江北部多宝山矿区奥陶系的岩石特征和构造意义[J].地质科学,44(1):245-256.

[237] 江思宏,聂凤军,张义,等,2004.浅成低温热液型金矿床研究最新进展[J].地学前缘,11(2):401-411.

[238] 李成禄,曲晖,赵忠海,等,2013.黑龙江霍龙门地区早石炭世花岗岩的锆石 U-Pb 年龄、地球化学特征及构造意义[J].中国地质,40(3):859-868.

[239] 李成禄,徐文喜,李胜荣,等,2017a.大兴安岭东北部霍龙门地区早二叠世花岗岩的锆石 U-Pb 年龄、地球化学特征及构造意义[J].矿物岩石,37(3):46-54.

[240] 李成禄,徐文喜,于援帮,等,2017b.小兴安岭西北部与永新金矿有关岩浆岩的年代学和地球化学及成矿构造环境[J].现代地质,31(6):1114-1130.

[241] 李德荣,朱朝利,吕军,等,2010.黑龙江三矿沟-多宝山成矿带构造-岩浆成矿作用[J].中国矿业,19(S1):142-146.

[242] 李文博,黄智龙,许德如,等,2002.铅锌矿床 Rb-Sr 定年研究综[J].大地构造与成矿学,26(4):436-441.

[243] 李永飞,郜晓勇,卞雄飞,等,2013a.大兴安岭北段龙江盆地中生代火山岩 LA-ICP-MS 锆石 U-Pb 年龄、地球化学特征及其地质意义[J].地质通报,32(8):1195-1211.

[244] 李永飞,卞雄飞,郜晓勇,等,2013b.大兴安岭北段龙江盆地中生代火山岩激光全熔 $^{40}Ar/^{39}Ar$ 测年[J].地质通报,32(8):1212-1223.

[245] 李运,符家骏,赵元艺,等,2016.黑龙江争光金矿床年代学特征及成矿意义[J].地质学报,90(1):151-162.

[246] 梁本胜,2014.黑龙江省二股铁多金属矿田矿床地质特征及成因[D].长春:吉林大学.

[247] 梁琛岳,刘永江,李伟,等,2011.黑龙江嫩江地区科洛杂岩伸展构造特征[J].地质通报,30(S1):291-299.

[248] 林超,谈艳,郭宇飞,等,2015.黑龙江省科洛河韧性剪切带型金矿床地质、地球化学特征及成因[J].黄金,36(4):31-38.

[249] 刘宝山,2015.黑龙江黑河孟德河金矿床控矿因素及找矿标志[J].黄金,36(1):18-21.

[250] 刘宝山,杨晓平,李成禄,2017.黑龙江省嫩江三合屯韧性剪切带与金矿化[J].矿产与地质,31(3):503-506.

[251] 刘宾强,2016.大兴安岭北段嫩江—黑河构造带古生代演化研究[D].长春:吉林大学.

[252] 刘翠,邓晋福,罗照华,等,2014.岩基后成矿作用:来自小兴安岭鹿鸣超大型钼矿的证据[J].岩石学报,30(11):3400-3418.

[253] 刘阁,吕新彪,陈超,等,2014.大兴安岭嫩江地区中生代双峰式火山岩锆石 U-Pb 定年、地球化学特征及其地质意义[J].岩石矿物学杂志,33(3):458-470.

[254] 刘建明,赵善仁,沈洁,等,1998.成矿流体活动的同位素定年方法评述[J].地球物理学进展,13(3):46-55.

[255] 刘瑞萍,顾雪祥,章永梅,等,2015.黑龙江东安金矿床赋矿岩浆岩锆石 U-Pb 年代学及岩石地球化学特征[J].岩石学报,31(5):1391-1408.

[256] 刘世伟,2009.大兴安岭地区中生代火山岩岩石地层的划分与对比问题[J].地质与资源,18(4):241-244.

[257] 刘世翔,薛林福,邹瑞卿,等,2007.基于 GIS 的证据权重法在黑龙江省西北部金矿成矿预测中的应用[J].吉林大学学报(地球科学版),37(5):889-894.

[258] 刘小杨,方洪宾,薛林福,2012.西藏日喀则地区证据权重法金矿远景预测[J].吉林大学学报(地球科学版),42(S2):198-204.

[259] 刘阳,孙景贵,任亮,等,2017.小兴安岭北麓高松山金矿床赋矿围岩锆石 U-Pb 年代学、地球化学、岩石成因及其地质意义[J].世界地质,36(3):806-825.

[260] 吕军,赵志丹,曹亚平,等,2009.黑龙江三道湾子金矿床地质特征及成因探讨[J].中国地质,36(4):853-860.

[261] 马芳芳,孙丰月,李碧乐,等,2012.黑龙江东安金矿床锆石 U-Pb 年龄及其地质意义[J].地质与资源,21(3):277-280.

[262] 毛光周,华仁民,高剑峰,等,2006.江西金山金矿床含金黄铁矿的稀土元素和微量元素特征[J].矿床地质,25(4):412-426.

[263] 毛景文,李晓峰,张作衡,等,2003.中国东部中生代浅成热液金矿的类型、特征及其地球动力学背景[J].高校地质学报,9(4):620-637.

[264] 毛景文,谢桂青,张作衡,等,2005.中国北方中生代大规模成矿作用的期次及其地球动力学背景[J].岩石学报,21(1):169-188.

[265] 毛景文,胡瑞忠,陈毓川,等,2006.大规模成矿作用与大型矿集区[M].北京:地质出版社.

[266] 苗来成,范蔚茗,张福勤,等,2003.小兴安岭西北部新开岭-科洛杂岩锆石 SHRIMP 年代学研究及其意义[J].科学通报,48(22):2315-2323.

[267] 祁进平,陈衍景,FRANCO P,2005.东北地区浅成低温热液矿床的地质特征和构造背景[J].矿物岩石,25(2):47-59.

[268] 曲关生,1997.黑龙江省岩石地层[M].武汉:中国地质大学出版社.

[269] 曲晖,赵忠海,李成禄,等,2014.黑龙江永新金矿地质特征及成因[J].地质与资源,23(6):520-524.

[270] 曲晖,李成禄,杨福深,2015.小兴安岭西北部霍龙门地区花岗质杂岩锆石 U-Pb 年龄、岩石地球化学特征及地质意义[J].世界地质,34(1):34-43.

[271] 戎景会,陈建平,尚北川,2012.基于找矿模型的云南个旧某深部隐伏矿体三维预测[J].地质与勘探,48(1):191-198.

[272] 邵洁涟,1988.金矿找矿矿物学[M].武汉:中国地质大学出版社.

[273] 邵军,李秀荣,杨宏智,2011.黑龙江翠宏山铅锌多金属矿区花岗岩锆石 SHRIMP U-Pb 测年及其地质意义[J].地球学报,32(2):163-170.

[274] 佘宏全,李进文,向安平,等,2012.大兴安岭中北段原岩锆石 U-Pb 测年及其与区域构造演化关系[J].岩石学报,28(2):571-594.

[275] 宋国学,秦克章,王乐,等,2015.黑龙江多宝山矿田争光金矿床类型、U-Pb 年代学及古火山机构[J].岩石学报,31(8):2402-2416.

[276] 隋振民,葛文春,吴福元,等,2006.大兴安岭东北部哈拉巴奇花岗岩体锆石 U-Pb 年龄及其成因[J].世界地质,25(3):229-236.

[277] 孙庆龙,孙景贵,赵克强,等,2014.黑龙江鹿鸣斑岩型钼矿床 re-Os 同位素定年及其地质意义[J].世界地质,33(2):418-425.

[278] 谭成印,2009.黑龙江省主要金属矿产构造—成矿系统基本特征[D].北京:中国地质大学(北京).

[279] 谭红艳,舒广龙,吕骏超,等,2012.小兴安岭鹿鸣大型钼矿 LA-ICP-MS 锆石 U-Pb 和辉钼矿 re-Os 年龄及其地质意义[J].吉林大学学报(地球科学版),42(6):1757-1770.

[280] 谭红艳,汪道东,吕骏超,等,2013.小兴安岭霍吉河钼矿床成岩成矿年代学及其地质意义[J].岩石矿物学杂志,32(5):733-750.

[281] 汪岩,杨晓平,那福超,等,2013.嫩江-黑河构造带中花岗质糜棱岩的确定及地质意义[J].地质与资源,22(6):452-459.

[282] 汪岩,付俊彧,杨帆,等,2015.嫩江-黑河构造带收缩与伸展:源自晚古生代花岗岩类的地球化学证据[J].吉林大学学报(地球科学版),45(2):374-388.

[283] 王登红,陈毓川,徐志刚,2005.中国白垩纪大陆成矿体系的初步研究及找矿前景浅析[J].地学前缘,12(2):231-239.

[284] 王佳琳,顾雪祥,章永梅,等,2014.黑龙江高松山金矿区赋矿火山岩成因及构造意义[J].矿物岩石地球化学通报,33(5):561-571.

[285] 王苏珊,刘佳宜,季洪伟,等,2017.黑龙江三道湾子金矿区龙江组安山岩的年代学与地球化学[J].岩石学报,33(8):2604-2618.

[286] 王永彬,刘建明,孙守恪,等,2012.黑龙江省乌拉嘎金矿赋矿花岗闪长斑岩锆石 U-Pb 年龄、岩石成因及其地质意义[J].岩石学报,28(2):557-570.

[287] 吴河勇,黄清华,党毅敏,等,2006.内蒙古海拉尔盆地白垩纪生物地层研究进展[J].

古生物学报,45(2):283-291.

[288] 吴开兴,胡瑞忠,毕献武,等,2002.矿石铅同位素示踪成矿物质来源综述[J].地质地球化学,30(3):73-81.

[289] 武广,陈毓川,陈衍景,2010.哈萨克斯坦北东天山浅成低温热液型金矿床成矿时代及构造背景[J].岩石学报,26(12):3683-3695.

[290] 武子玉,王洪波,徐东海,等,2005.黑龙江黑河三道湾子金矿床地质地球化学研究[J].地质论评,51(3):264-267.

[291] 向中林,2008.基于GIS的沂南金矿成矿地质条件分析及成矿预测[D].北京:中国地质大学(北京).

[292] 向中林,顾雪祥,章永梅,等,2014.基于三维地质建模及可视化的大比例尺深部找矿预测研究及应用:以内蒙古柳坝沟矿区为例[J].地学前缘,21(5):227-235.

[293] 肖霞,王少华,刘正宏,等,2016.大兴安岭中北段奥陶系裸河组碎屑岩地球化学特征及物源环境分析[J].西部探矿工程,28(3):138-142.

[294] 许文良,王枫,孟恩,等,2012.黑龙江省东部古生代-早中生代的构造演化:火成岩组合与碎屑锆石U-Pb年代学证据[J].吉林大学学报(地球科学版),42(5):1378-1389.

[295] 薛明轩,2012.黑龙江省内生金矿成矿作用研究[D].长春:吉林大学.

[296] 叶琴,于洋,高曦,等,2013.内蒙古阿拉坦合力苏木汗贝布敦昭奥陶纪裸河组的重新厘定及其意义[J].地质通报,32(10):1548-1557.

[297] 袁茂文,曾勇杰,李成禄,等,2017.黑龙江省嫩江-黑河构造混杂岩区永新金矿热液蚀变与矿化关系定量及定位研究[J].现代地质,31(2):278-289.

[298] 翟德高,2014.黑龙江省三道湾子碲化物型金矿床地质地球化学特征与成矿机制[D].北京:中国地质大学(北京).

[299] 张超,吴新伟,张渝金,等,2017.大兴安岭北段龙江盆地光华组碱流岩LA-ICP-MS锆石U-Pb年龄及其地质意义[J].地质通报,36(9):1531-1541.

[300] 张海华,徐德斌,张扩,2014.大兴安岭北段泥盆系泥鳅河组地球化学特征及沉积环境[J].地质与资源,23(4):316-322.

[301] 张璟,邵军,杨宏智,等,2017.东北扎兰屯奥陶纪碱性辉长岩锆石U-Pb年代学证据[J].中国地质,44(3):616-617.

[302] 张立东,李成禄,徐国战,等,2011.黑龙江多宝山地区二长闪长岩元素地球化学、SHRIMP锆石U-Pb年代学及构造背景研究[J].矿物学报,31(S1):664-665.

[303] 张琳琳,刘翠,周肃,等,2014.小兴安岭霍吉河钼矿区含矿花岗岩类特征及成矿年龄[J].岩石学报,30(11):3419-3431.

[304] 赵达,1996.黑龙江省小兴安岭奥陶纪裸河组三叶虫[J].古生物学报,35(1):109-122.

[305] 赵焕利,刘旭光,刘海洋,等,2011.黑龙江多宝山古生代海盆闭合的岩石学证据[J].世界地质,30(1):18-27.

[306] 赵一鸣,毕承思,邹晓秋,等,1997.黑龙江多宝山、铜山大型斑岩铜(钼)矿床中辉钼矿的铼-锇同位素年龄[J].地球学报,18(1):61-67.

[307] 赵元艺,王江朋,赵广江,等,2011.黑龙江多宝山矿集区成矿规律与找矿方向[J].吉

林大学学报(地球科学版),41(6):1676-1688.

[308] 赵院冬,莫宣学,李士超,等,2015.小兴安岭西北部花岗质糜棱岩锆石 LA-ICP-MSU-Pb 年龄、岩石地球化学特征及地质意义[J].地质论评,61(2):443-456.

[309] 赵忠海,郑卫政,曲晖,等,2012.黑龙江多宝山地区铜金成矿作用及成矿规律[J].矿床地质,31(3):601-614.

[310] 赵忠海,曲晖,李成禄,等,2014.黑龙江霍龙门地区早古生代花岗岩的锆石 U-Pb 年龄、地球化学特征及构造意义[J].中国地质,41(3):773-783.

[311] 郑硌,顾雪祥,章永梅,等,2013.高松山浅成低温热液金矿床同位素地球化学特征及成因分析[J].矿物学报,33(1):101-109.

[312] 郑永飞,2001.稳定同位素体系理论模式及其矿床地球化学应用[J].矿床地质,20(1):57-70.

[313] 周建波,张兴洲,SIMON A W,等,2011.中国东北约 500 Ma 泛非期孔兹岩带的确定及其意义[J].岩石学报,27(4):1235-1245.

[314] 朱炳泉,1998.地球科学中同位素体系理论与应用:兼论中国大陆壳幔演化[M].北京:科学出版社.